中华饮食
文化丛书

鲁菜

新东方烹饪教育 组编

中国人民大学出版社
·北京·

编写委员会

编 委 会 主 任：许绍兵

编 委 会 副 主 任：金晓峰　吴　莉

编 委 会 成 员（排名不分先后）：

王　健　罗现华　王允明　朱咸龙　柯国君

高　生　胡应东　胡先勇　郭家振

前言

鲁菜
LUCAI

"民以食为天"。中华民族在食源开发、食具研制、食品调理、营养保健和饮食审美等方面，有着长久的研究与积累，创造出了精湛的中国烹饪技艺，形成了博大精深的中国饮食文化。经过各地人们的实践探索与总结，形成了具有独立体系的烹饪技巧和独特风味菜系。传统的四大菜系包括鲁、川、粤、苏，后来加上浙、闽、湘、徽，扩展成八大菜系，其中鲁菜居于首位。

鲁菜是黄河流域烹饪文化的代表，是中国传统四大菜系（也是八大菜系）中的自发型菜系，是历史最悠久、技法最丰富、最见功力的菜系。鲁菜以咸鲜为主，以盐提鲜，以汤壮鲜，调味讲求咸鲜醇正，突出本味，火候精湛。鲁菜突出的烹调方法为爆、扒、拔丝，尤其是爆、扒素为世人所称道。

山东新东方技工学校作为大型烹饪专业学校，建校以来，培养了大批酒店、餐饮、烹饪领域的技能型专业人才。在教学、培训过程中，我们深刻认识到职业教育课程改革、人才培养模式优化、教学内容体系创新的先导是教育思想的改革和教育理念的转变，因此，多年来，我们在人才培养目标、人才培养模式以及专业设置、课程改革等方面做了大量研究、探索和实践，并取得了显著的成效，突出体现在丰富了专业内涵，提高了学生的专业素养，培养了学生的职业发展能力。同时，我们也深刻认

识到教材的重要作用。在全面深入学习贯彻党的二十大精神过程中，以新一轮职业教育教学改革精神为指导，我们主动进行市场调研，适时修订人才培养方案，重新梳理教学内容与课程体系，改变教学方法与手段，注入最新的烹饪职业教育教学元素，经过多轮教学实践，在教学讲义基础上，编写了本书。

本书最大特色是实用性强，文化特色突出。本书体现了现代职业教育教学理念，以学生技能操作能力为本位，既使学生掌握烹饪文化内涵，又使学生充分掌握专业技能，突出理实一体化的教学模式，提升学生综合能力。书中每一款菜肴都配有细致的文字解说、精美的制作流程图与实用性强的注意事项提示。另外，大部分菜肴还配有二维码，读者只要扫描书中的二维码，就能亲眼看见新东方烹饪教育一线名师精湛的刀工、严谨的美食制作工艺和高超的摆盘技法。本书既可作为烹饪学校的培训教材，也可作为烹饪爱好者的学习宝典。

目录

鲁菜
LUCAI

CONTENTS

代表名菜

酒店流行菜

鲁菜，顾名思义，即山东地区的地方特色菜系。明清以来社会上渐有四大菜系（川、鲁、淮、粤）之说，后加上浙、湘、闽、徽，统称为"八大菜系"。鲁菜因其历史悠久，又是宫廷菜的主角，居于诸多菜系之首。

一、鲁菜的起源与发展

鲁菜的形成和发展与山东地区的文化历史、地理环境、经济条件和习俗风尚有关。山东是中华文明重要发祥地之一。山东位于中国东部沿海、黄河下游，依山傍海，腹有平原、丘陵，四季分明，气候适宜，自古以来就是我国物产丰富的区域。境内山川纵横，河湖交错，沃野千里，物产丰富，交通便利，文化发达。古代齐鲁地区的先民们能够找到几乎所有的食材、调料，从各类的鱼肉生鲜到蔬菜瓜果无所不包，这也为鲁菜用料丰富考究特点的形成奠定了物质基础。

鲁菜在春秋时期崭露头角，那时多以牛、羊、猪肉为主要原料，家禽、野味、海鲜也有独特的烹饪技法。据史料记载，齐桓公的宠臣易牙是当时最著名的厨师，不仅擅长用盐来调节味道，还擅长用不同的火候来调节食物的滋味。中国最早的烹饪理论资料，大多来源于山东，因此奠定了鲁菜的地位基础。

随着中国历史的发展，中国的经济中心逐步由黄河流域移到长江流域，但这并没有影响到鲁菜烹饪技术的提高与影响的扩大。元明清时期，由于山东靠近京城，鲁菜的厨师也就成了宫廷和官府厨师的主要成员，鲁菜在此时得到了再一次的升华。山东盛产的鲍鱼、海参、鱼翅等原料，也成了宫廷和官府的主要菜肴原料。另外，鲁菜之所以能够成为整个北方的主要菜系代表，也是因为在明清时期，天津、河北等地鲁菜进一步发展，加上很多山东人"闯关东"，将鲁菜带到了东北三省等地。

广义的鲁菜实际上分出三条不同的"支脉"：一是以古齐国和鲁国区域为主的齐鲁地区，大致包括今天的济南、泰安、淄博等地方。这片区域为齐鲁两国故地，经典的"鲁菜"实际上多是指这一区域的地方特色饮食。二是胶东半岛地区的胶东菜，以今青岛、烟台等地为代表，为海洋饮食文化区域。从地理上说，胶东地区属古代齐国，在海洋的"恩赐"下，逐渐形成了有异于内陆地区的饮食风格，尤以烹饪各类海鲜见长。三是运河饮食文化区，主要指大运河沿线的鲁西、鲁西南地区，以济宁菜为代表。自隋唐大运河开通以来，这一区域处于运河沿线，北连京津以至晋陕，南连江浙。各地商旅南来北往，繁忙的运河也带来了各地的饮食文化，饮食表现出融合南北的特色。

总之，在山东自然、社会的大环境下，又依托沿海、沿河的小环境，鲁菜形成了颇具特色的饮食风格。

二、鲁菜的烹饪技法

山东是孔孟之乡，儒家文化的发源地，以孔子为代表的儒家思想，对中国的传统文化影响深远。孔子主张的"色恶，不食；臭恶，不食；失饪，不食；不时，不食；割不正，不食；不得其酱，不食"等精食美食论，对饮食文化有着极大的影响。另外，孔子的中庸之道赋予了山东饮食以"和"为本的最高境界，其饮食本身追求的是敦厚平和、大味必淡的至高境界。因此，鲁菜所表露出的文化色彩，敦厚纯朴，堂堂正正，不走偏锋，承袭了宫廷、官府饮膳传统，体现的正是中原儒家文化所追求的"正统"意识。

中国美食在发展过程中，烹饪技艺不断提高，发明了炒、爆、烧、焖、煨、烩、卤、煎、炸、煮、氽、炖、煲、蒸、烤、腌、熏、风干、凉拌、淋、涮等烹饪方式。鲁菜集山东各地烹调技艺之长，兼收各地风味之特点加以发展，以其味咸、鲜、脆嫩、风味独特、制作精细享誉海内外，形成了鲁菜独特的内涵。具体表现在以下几个方面。

（一）烹调技法丰富多彩

鲁菜主要烹调技法多达三十余种，包括煎、烹、炸、熘、烧、烩、蒸、煮、焗、烤、贴、砂锅、火锅、瓦罐、蜜汁、拔丝等，其中尤以"爆、炒、烧、塌"等最有特色。这些烹调技法又有很多分支，如"炸"，可分为清炸、软炸、干炸、酥炸等。又如"爆"，是鲁菜原创的烹饪技法，集中体现了鲁菜在火候上的高难度和超高精准度，"滚油爆炒、加料起锅，以极脆为佳"，火力迅猛、千钧一发、瞬息万变，菜的质地口感和味道取决于厨师在最恰当的那一秒钟的动作。鲁菜中的火爆，大火在锅里面熊熊燃烧，在最合适的那一秒钟迅速成菜装盘，少一秒则生、多一秒则老。

（二）刀工精细，善于用汤

鲁菜的刀功造型应有尽有，如麦穗花刀、桃核花刀、蝴蝶花花刀、菊花花刀、十字丁花刀、松鼠花刀、柳叶花刀等，可谓"刀下生花"，形象逼真，栩栩如生。特别是凉菜、冷拼盘，刀功切配精于功夫。鲁菜以汤为百鲜之源，汤有"清汤""奶汤"之别，讲究汤的调制，从制汤选料到制汤的技法、成汤的时间，都有着非常严格的要求和恰如其分的把握，清浊分明，取其清鲜，注重以汤提鲜，造就鲁菜美味。用"清汤"和"奶汤"制作的菜品繁多，名菜就有"清汤柳叶燕窝""清汤全家福""奶汤蒲菜""汤爆双脆"等数十种之多，其中多被列为高档宴席的珍馐美味。山东菜精于制作和使用高汤的传统一直延续至今。鲁菜的大量热菜极为依赖高汤，"无汤不成菜"。

（三）注重调味，以味为本

味是菜肴的灵魂，是菜肴特色的标志之一。鲁菜调味以咸鲜味为主，以盐提鲜，以汤壮鲜，咸鲜为主，突出本味，用葱姜蒜来增香提味，本着"有味则出之，无味则入之，异味则除之"的原则，注重内味和外味的有机结合，不仅外味美而且内味也很美，闻起来香，食之更香。鲁菜借助烹饪技术的"调味之和"实现了菜肴的醇正口味，并使其成为鲁菜第一要素。鲁东饮食突出鲜咸，咸中有鲜；鲁中饮食为咸香，咸中求香。

（四）主辅搭配讲究科学

鲁菜的配菜讲究主辅料的搭配，如肉菜与素菜的搭配，味型的搭配等，这些都符合人们饮食营养需求与视觉享受的需要。鲁菜中的凉菜称为"迎宾菜"，宴席上重视主菜与迎宾凉菜的有机组合，主菜与辅菜相互衬托，互为补充，并做到荤素搭配。"迎宾菜"要求达到一定的技术标准，如：色泽艳丽、赏心悦目、层次分明、造型美观、刀功精细、清爽不腻、口味脆嫩等。凉菜拼盘也有技术要求，注重原料荤素、刀功造型、烹调方法、不同色泽、不同味型、拼盘造型等的有机搭配。

三、鲁菜的名称

菜名是菜的广告词，它能给食客以美的享受，也能引导食客的消费意向。鲁菜的名称十分朴实，用词特点是简明易记。很多鲁菜名称中的词汇，来自制作时不可缺少的主料、配料和调料，例如"糖醋鲤鱼"；也有一些词汇来自味道、色泽、质感及烹调方式等，如"麻辣鸡""烹对虾""炖肉鸽"等。

当然，在饮食文化中，根据菜的特点及目标消费群体需求，在命名时往往会赋予其一定的美感。这些菜名一般在色泽、造型方面进行美化，给人以形象生动的感觉。要达到这一效果，文学修辞必不可少。鲁菜名里最常见的修辞是比喻，例如以外形设喻，比如"绣球鸡膆"是将鸡膆切成两块后，在每块之上刻以十字花刀，使其炸出后呈现出绣球状；"蝴蝶海参"是把海参切成蝴蝶翅膀状，然后配合馅料摆出完整的蝴蝶形状；"米香布袋鸡"是将海参、干贝等材料放入开膛洗净后的鸡腹中，用竹针缝住，此时的鸡确实形似布袋。

还有一些菜名，尽显文化底蕴。例如鲁菜"阳关三叠"的名字取自古曲，菜品的设计理念源自唐代诗人王维的名作："渭城朝雨浥轻尘，客舍青青柳色新。劝君更尽一杯酒，西出阳关无故人。"当初，孔府内厨从诗意中得到启发，用鸡脯肉与白菜叶层层相裹，炸而烹之。一层鸡肉一层白菜，一共三层，正适合送别曲一送三别的情调。"阳关三叠"这道菜多用于饯行宴会，以表达主人的送别情意，预祝客人旅途顺利平安，可谓情意绵长。

再如"百鸟朝凤"，这道菜以母鸡、鸽蛋、蟹黄等为原料，做成形如百鸟朝凤、色泽美观、口味鲜美的菜肴。在传统文化中，凤凰是一种勤劳、热心的吉祥鸟。相传，平时它总是飞行百里，寻找过冬的食物，非常勤劳。别的鸟嘲笑它不会享受生活，整天只知道忙碌，凤凰不为所动，还是照样辛勤劳动。很快冬天来临，天降大雪，那些平时贪玩的鸟又饿又冷，命悬一线。这时，凤凰把自己储存的食物分给了它们，让所有的鸟儿都度过了寒冬。为了感恩凤凰，百鸟决定各自献出一根羽毛，合起来编成一件衣裳，送给凤凰。在菜名中运用典故，使得菜肴变得更加富有情感和故事性，颇受食客们的欢迎。

四、鲁菜菜品举例

鲁菜中的佳品可谓举不胜举，这里仅以我们经常烹调食用的一些大众菜品举例。

一品豆腐：一道十分经典的鲁菜，这道菜不仅营养丰富，易于被人体吸收，味道还十分好。这道菜制作有些复杂，仅配菜就有很多样，除主料豆腐之外，还有口蘑、冬笋、荸荠、火腿、水发干贝等配菜。这道菜清淡鲜嫩，软烂香醇，十分可口。

四喜丸子：由四个色、香、味俱佳的肉丸组成，寓人生福、禄、寿、喜四大喜事。常用于喜宴、寿宴等宴席中，作为压轴菜，以取其吉祥之意。

葱烧海参，该菜品源自山东烟台，以水发海参和大葱为主料，通过精细的烹饪工艺，使得海渗和葱段完美结合。菜品味道鲜美，咸鲜微甜，海参鲜嫩、葱香味浓，口感丰富。

九转大肠：原名为红烧大肠，该菜品在清朝光绪初年由济南九华楼厨师所创，成菜后，酸、甜、香、辣、咸五味俱全，色泽红润，质地软嫩。

油爆双脆：正宗的油爆双脆做法极难，对火候的要求极为苛刻，欠一秒钟则不熟，过一秒钟则不脆，是中餐里制作难度最大的菜肴之一。

糖醋鲤鱼：传统鲁菜名菜，色泽红亮，外焦酥、里软嫩，咸甜适中。此菜集美味、营养于一身。

红烧大虾：制作材料有大对虾、白糖、鸡汤等。此菜色泽红润油亮，虾肉鲜嫩，滋味鲜美。历来是鲁菜中脍炙人口的名菜佳肴，其色泽之美，口味之佳，久为人们所称道。

五、鲁菜的融合发展

当前，随着各种菜系的兴盛，烹饪技艺的创新，人们口味的变化，鲁菜的地位受到了前所未有的冲击。"川菜占据半壁江山，东北菜异军突起"，从这句话可看出当下各种菜系的发展与竞争。

现代人讲究吃文化，看重的不仅仅是吃什么，更重要的是吃的环境和体验。吃饭并不局限于味蕾的享受，而是能在美食、艺术和文化的融合氛围里享受一场绝妙的盛宴。若能把美食与艺术融合，惊艳的绝不只是味蕾。所以，鲁菜要善于兼收并蓄，与时俱进，融合发展，与齐鲁文化一样具有包容性和时代性。鲁菜要适应现代人崇尚的清淡健康饮食理念，研究京味御膳菜、粤菜、川菜、淮扬菜、杭帮菜、宅门菜、海派菜、东北炖菜、客家菜、傣家菜，吸收借鉴它们的优点。相信鲁菜一直能雄踞八大菜系之首，是中华饮食文化百花园中最灿烂的一朵花。

凉菜

1. 五香鲅鱼

  五香鲅鱼据传是夏邑县老城里冉献东祖传制作，距今已有200余年历史。清乾隆年间列为贡品。

  五香鲅鱼是一道色香味俱全的名肴，属于山东菜系。选择夏邑城湖特产200克左右重的肥嫩鲅鱼为原料，整鱼不去鳞片，剖腹去内脏，经腌制、油炸、放入多种佐料精工焖制而成。其色金黄微带赤，香味浓郁而纯正，骨酥刺烂形不变，鱼肉鲜美营养高。热吃不腻，凉吃不腥，实为宴席美肴、佐餐佳品。

主料：鲅鱼 500g
配料：大葱 10g、姜 10g
调料：五香粉 5g、白糖 10g、胡椒粉 15g、冰糖 15g、生抽 8g、料酒 15g、花生油 1000g、香油 5g、盐 3g

制作步骤

① 鲜鲅鱼去内脏洗净、去头去尾，切成 0.5 厘米块状备用。
② 锅内热油，将鲅鱼放入，炸至金黄色捞出。
③ 锅内加入冰糖炒出糖色。
④ 将炸好的鲅鱼放入炒好的糖色中，加水烧沸后撇出浮沫。
⑤ 放入葱姜丝、料酒、盐、生抽、胡椒粉大火烧开，小火焖 15 分钟，大火收汁。
⑥ 再加入白糖、五香粉，淋香油，装盘成菜。

☕ 注意事项

1. 炸制时注意火力变化，切勿将鱼完全炸干、炸焦，影响口感。
2. 购买鲅鱼时，要买新鲜的鲅鱼。

2. 拌八带

操作视频

🌊 准备材料

主料：八带 300g、小葱 150g
配料：红辣椒丝 10g、鸡蛋清 30g、香菜 10g
调料：白醋 10g、生抽 15g、盐 22g、味精 2g、绵白糖 3g、辣根 5g、香油 10g、葱油 15g

🌊 制作步骤

①

②

③

④

⑤

⑥

① 将活八带去牙清洗干净备用。

② 将洗净去牙的八带用盐、蛋清摔打 5 分钟，冲洗干净。

③ 锅内烧水，烧开后下入八带 20 秒捞出。

④ 冲凉水清洗干净捞出。

⑤ 切成 5 厘米的段，小葱清洗干净，切成 4 厘米的段。

⑥ 调料放入碗中搅拌均匀，加入八带、小葱、红辣椒丝，搅拌均匀，装盘。

🍲 **注意事项**

1. 八带的头部有内脏，需多煮会，放入冰水里浸泡，口感会更好。

2. 八带过水的时间根据它的大小，煮得时间过长口感会差些。

3. 挑选八带时，注意观察是否有黏液，若无黏液不要买。

3. 老醋蜇头

操作视频

准备材料

主料：蜇头 300g
配料：黄瓜 200g、蒜 15g、香菜 15g
调料：蚝油 10g、陈醋 15g、味极鲜 3g、白糖 3g、葱油 10g

制作步骤

① 先将蜇头切成薄片，冲水。
② 放入碗中浸泡 5～6 小时，氽制凉透备用。
③ 黄瓜清洗干净，拍成块状。
④ 蒜切成末。
⑤ 黄瓜放入盘底。香菜切段，放入蜇头、蚝油、陈醋、白糖、香菜、葱油和味极鲜。
⑥ 搅拌均匀，装盘成菜。

注意事项

将海蜇头放入碗中，倒入清水，水中撒入少量的盐，清洗干净。

操作视频

主料：白菜心 250g、蜇皮 80g
配料：红辣椒丝 5g、香菜 5g、蒜泥 20g、葱 5g
调料：白糖 2g、盐 3g、味精 2g、葱油 25g、香油 5g、白醋 8g

制作步骤

① 蜇皮清洗干净，用水冲去盐分，洗净后切成 0.2 厘米、长 8 厘米的丝。

② 白菜清洗干净沥干水分切丝。

③ 锅内加水烧热，蜇皮丝氽制捞出。

④ 将香菜、白糖、盐、味精、葱油、香油、白醋、白菜丝放入碗中，搅拌均匀。

⑤ 再放入红辣椒丝，淋上热油，拌匀。

⑥ 撒上葱丝点缀，装盘成菜。

☝ 注意事项

　1. 食用海蜇皮之前要用盐水浸泡 1 小时，祛除腥味。

　2. 白菜心可以用娃娃菜代替。

5. 捞汁蟹钳

　　民间传说中和财富有关的动物有很多，螃蟹也被赋予了招财的寓意，由于螃蟹的两只蟹钳非常坚毅有力，而且抓住东西不放，所以被誉为横财大将军，有着八方来财、横财在手的寓意。

　　蟹钳又被称为钱夹子，钳与"钱"同音，手中有钱，万事无忧，是财富的利器。

操作视频

准备材料

主料：蟹钳 500g
配料：香菜 15g、蒜 20g、葱姜各 30g、花椒 5g、柠檬半个
调料：绵白糖 8g、辣鲜露 30g、蚝油 40g、生抽 15g、麻辣鲜露 20g、鲜花椒油 10g、盐 3g、味精 5g、
　　　纯净水 400g

制作步骤

① 鲜蟹钳洗净备用。

② 蒜拍碎、香菜切段。

③ 葱、姜切小块，将调料搅拌均匀。

④ 锅中加水烧开，下葱姜、花椒、蟹钳烧开，煮 60 秒捞出备用。

⑤ 再将蟹钳、柠檬片、香菜、小米辣（不吃辣可不放）放入搅拌好的调料里，倒入纯净水。

⑥ 搅拌均匀，装盘成菜。

☕ **注意事项**

　　蟹钳要清洗干净，多洗几遍。

操作视频

主料：蕨根粉 250g
配料：青红辣椒各 5g、泡椒 5g、红剁椒 5g、花生碎 5g
调料：酱油 10g、香醋 15g、香油 10g、蚝油 15g

制作步骤

①   ②   ③

④   ⑤   ⑥

① 蕨根粉用热水煮 5 分钟捞出，浸泡 30 分钟，改刀装盘备用。
② 青红辣椒、泡椒切成小块（切成丝也可）。
③ 青红辣椒、泡椒和红剁椒放入装有蕨根粉的碗中。
④ 将酱油、香醋、香油、蚝油放入碗中搅拌均匀，调成料汁。
⑤ 将调好的料汁，倒入蕨根粉中，用筷子搅拌均匀。
⑥ 装入盛器中，撒上花生碎即可。

☕ 注意事项
    1. 蕨根粉在泡开之前应当先用冷水清洗。
    2. 蕨根粉要彻底泡透，直至正中间没有乳白色的硬心之后才算是泡好。

7. 香辣肚丝

　　小时候听大人讲，古时候有一位胖厨师，因为太胖，硕大的肚子成为他的负担，为了减轻双脚的承受力，每天切菜的时候。就把自己的大肚子搭在放菜板的桌子上。一天，胖厨师切菜时，不小心切破了自己的肚子，鲜红的血染红一片，这时，恰好一位食客寻食而来，他惊奇地问道："这是啥子菜哟？"胖厨师忙掩饰道："红油肚丝……红油肚丝……"。食客道："那就给我来盘红油肚丝吧"。不一会儿，后厨将一盘色泽红亮、咸鲜香辣、软嫩爽脆的凉拌红油肚丝送上桌来，食客吃得不亦乐乎，夸奖不断，不仅自己成了回头客，还带了邻里、友人来品食。之后这家饭店的老板迎合食客们的口味，精心调味制作这道菜，食客越来越多，生意也越来越火。这道菜后改名为"香辣肚丝"，得到众多食客喜爱。

操作视频

主料：生猪肚 600g
配料：葱 50g、姜 30g、香菜 20g、青辣椒 10g、红辣椒 10g
调料：绵白糖 2g、盐 25g、味精 2g、料酒 30g、生抽 8g、辣椒油 6g

制作步骤

①

②

③

④

⑤

⑥

① 猪肚浸泡去油，清洗干净。
② 锅内加水 1 升，再加葱、姜、料酒、盐后放入猪肚煮开，撇出浮沫，煮熟。
③ 将熟猪肚切丝，葱切丝，青、红椒切丝，香菜切段备用。
④ 调料倒入碗中，搅拌均匀。
⑤ 将切好的猪肚、葱丝、青红椒丝、香菜段倒入调料汁碗中，搅拌均匀。
⑥ 放入盘中，即可成菜。

☕ 注意事项

1. 猪肚可以用高压锅煮熟，加葱姜去腥。
2. 猪肚要清洗干净，煮好后捞出来沥干水分。

8. 珊瑚藕片

关于莲藕有一个美丽的传说。远古时期，一位美丽的莲花仙子下凡遇藕郎，后结成连理，被玉帝知道，玉帝一怒之下命人将其藕郎砍死于湖底，莲花仙子也跟着沉下湖。之后此湖便长出很多的莲花和莲藕，莲藕和莲花便是莲花仙子和藕郎化生而来。

莲的地下茎，肥大有节，中间有管状小孔，切开有细细白丝，故有"藕断丝连"之称，古人也将此比喻男女之间的情思。莲藕脆而微甜，可生吃也可做菜，食用价值也非常高。

操作视频

准备材料

主料：藕片 300g
配料：姜 15g、干辣椒 10g
调料：白糖 25g、白醋 30g、盐 5g

制作步骤

① 藕清洗干净去皮，切成薄片。

② 锅内倒水加热，将藕片进行焯水。

③ 藕片焯水后用冷水过凉，捞出备用。

④ 干辣椒切成小段、姜切末。

⑤ 将白醋、白糖、盐放入碗中搅拌均匀。

⑥ 锅内倒油加热，放入干辣椒、姜末炸香，倒入碗中，加入调料汁搅拌均匀。

⑦ 把调料汁倒在藕片上。

⑧ 搅拌均匀装盘。

⑨ 点缀后成菜。

☺ 注意事项

1. 煮藕时忌用铁器，以免使藕在烹饪过程中变黑。

2. 挑选藕时，发黑、有异味的藕不宜食用。

3. 藕片切好后可放入淡盐水中防氧化变色。

9. 捞汁西葫芦丝

操作视频

主料：西葫芦 300g
配料：小米辣 5g
调料：米醋 150g、生抽 150g、白糖 100g、美极鲜 30g、葱油 50g

制作步骤

①

②

③

④

⑤

① 西葫芦清洗干净，去皮。
② 刨成丝，用冰水浸泡 10 分钟，捞出备用。
③ 将米醋、生抽、白糖、美极鲜等放入碗中搅拌均匀。
④ 将料汁和西葫芦丝放入碗中。
⑤ 放上花瓣点缀，成菜。

🍲 注意事项

　1. 刨西葫芦丝的时候，注意手的安全，不要刨到手。
　2. 西葫芦丝放进开水里别烫时间太长，放进去断生就可以捞出来了。

操作视频

主料：白菜心 300g
配料：葱姜共 20g、干辣椒 20g
调料：盐 5g、糖 25g、香油 20g、白醋 30g

制作步骤

① 先将白菜心切成长条状。

② 加入盐腌制 30 分钟，去掉水分，装盘备用。

③ 干辣椒、葱、姜切成丝。

④ 取盆加入香油，放入干辣椒丝、葱姜丝拌匀。

⑤ 加入糖、醋、盐、少许水拌匀。

⑥ 把调好的汁浇在白菜心上，装盘即可成菜。

热菜

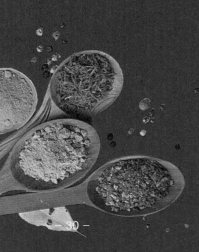

传统经典菜

11. 糖醋鲤鱼

  糖醋鲤鱼是山东济南的传统名菜。据说糖醋鲤鱼最早始于黄河重镇——洛口镇。当初这里的饭馆用活鲤鱼制作此菜，很受食者欢迎，在当地小有名气，后来传到济南。济南北临黄河，黄河鲤鱼不仅肥嫩鲜美，而且用它烹制的糖醋鲤鱼极有特色：造型为鱼头鱼尾高翘，显跳跃之势，这是寓"鲤鱼跃龙门"之意，且糖醋汁酸甜可口，十分开胃。

操作视频

主料：鲤鱼 780g
配料：鸡蛋 1 个、蒜 5g
调料：番茄酱 50g、白醋 30g、料酒 10g、白糖 50g、面粉 50g、淀粉 30g、盐 10g

制作步骤

① 　② 　③

④ 　⑤ 　⑥

① 将鲤鱼清洗干净，沥干水分，在鱼身上两面斜切。
② 用料酒和盐进行腌制。
③ 面粉和淀粉放入碗中，打入一个鸡蛋，加入清水搅拌均匀成面糊，将鲤鱼裹匀面糊。
④ 起锅热油，将裹上面糊的鲤鱼放入，煎炸至变色捞出。
⑤ 起锅热油，放入番茄酱、白醋、白糖、一碗清水，烧开至汤汁黏稠。
⑥ 淋在煎炸好的鲤鱼上，装盘即可成菜。

🍲 注意事项

1. 面糊的调制不可过稀。
2. 煎炸时用中火至大火，不然鱼会吸入油。

12. 爆炒腰花

据了解，在 20 世纪 50 年代，爆炒腰花曾被编入《中国名菜谱》，制作方法由济南名厨刘永庆提供。

关于爆炒腰花的由来，有一种说法流传已久。据说，爆炒腰花是由清代宫廷"四大抓"（即抓炒鱼、抓炒里脊、抓炒腰花、抓炒虾仁）演变而来的。"四大抓"为清代御膳房御厨王玉山所创。有一天慈禧太后用膳，在许多种菜里挑中一盘明亮油黄、鲜嫩软滑的炒鱼，品尝后赞不绝口。她把厨师招来询问这叫什么菜？御厨王玉山之前并未给菜取名，灵机一动说道是抓炒鱼，慈禧太后大喜，叫厨师再做几样"抓炒"，于是就有了"四大抓"，王玉山被称为"抓炒王"。后来，山东厨师在原菜的基础上进行改良，将原本近似糖醋口味的抓炒腰花，改制成如今酸甜适口的爆炒腰花。

操作视频

主料：猪腰子 300g
配料：冬笋 50g、蒜苗 30g、木耳 10g、蒜 10g、红辣椒 10g（选用）
调料：淀粉 10g、盐 5g、鸡精 2g、胡椒粉 1g、料酒 20g、醋 20g、白糖 15g、生抽 15g、老抽 10g

制作步骤

① ② ③

④ ⑤ ⑥

① 腰花清洗干净，打麦穗花刀，用淀粉拌匀。
② 在碗中依次加入料酒、醋、生抽、盐、白糖、鸡精、胡椒粉、老抽搅拌均匀。
③ 起锅烧水，水开放入木耳、笋片进行焯水，捞出备用。
④ 起锅热油，放入腰花，过油捞出。
⑤ 起锅热油，将蒜末爆香，放入腰花、木耳、蒜苗、红辣椒、冬笋片，倒入调好的料汁快速翻炒。
⑥ 装入盛器中，成菜。

☙ 注意事项

1. 腰花要处理干净，对半切开后将白色部分去除干净。

2. 斜刀切腰花时，不要切得太深，避免炒断。

3. 笋片、木耳一定要用沸水锅焯一下。

13. 九转大肠

　　九转大肠原名为红烧大肠，是山东济南传统名菜。清朝光绪初年，由济南九华林酒楼店主首创。将猪大肠水煮去异味后油炸，再灌入十多种作料，用微火煨制而成。成菜后，酸、甜、香、辣、咸五味俱全，色泽红润，质地软嫩。

　　济南九华楼是富商杜氏和邰氏所开。杜氏是一巨商，在济南设有9家店铺，酒店是其中之一。这位掌柜对"九"字有着特殊的爱好，什么都要取个九数，因此他所开的店铺字号都冠以"九"字。九华楼设在济南市东巷北首，规模不大，但司厨都是名师高手，对烹制猪下水菜更是讲究，红烧大肠就很出名，做法也别具一格：下料狠，用料全，五味俱有，制作时先煮、再炸、后烧，出勺入锅反复数次，直到烧煨至熟。所用调料有名贵的中药，包括砂仁、肉桂、豆蔻，还有山东的辛辣品大葱、大姜、大蒜以及料酒、清汤、香油等。口味甜、酸、苦、辣、咸兼有，烧成后再撒上芫荽（香菜）末，增添了清香之味，盛入盘中红润透亮，肥而不腻。

操作视频

准备材料

主料：猪大肠 500g
配料：黄瓜 200g、大葱白 5g、姜 5g
调料：盐 5g、冰糖 30g、胡椒粉 2g、料酒 20g、砂仁粉 1g、肉桂粉 1g

制作步骤

① 将猪大肠清洗干净。

② 葱姜切段，黄瓜切块。

③ 将大肠放入开水锅中，加入葱姜段、料酒焖 15 分钟。

④ 切成 3 厘米的长段。

⑤ 锅内倒油，放入冰糖炒化，倒入碗中备用。

⑥ 起锅热油，放入大肠，炸至变金黄色捞出。

⑦ 起锅热油，放入葱姜爆出香味。

⑧ 加入胡椒粉、盐、料酒、清水等烧开，放入大肠翻炒，小火焖至汤汁收紧。

⑨ 装盘成菜。

🍲 注意事项

1. 在炸大肠时，可用牙签固定，烧熟后取出。

2. 注意选料的新鲜。

☁ 准备材料

主料：猪肝 50g、猪肉 100g、猪腰 200g

辅料：冬笋 20g、火腿 15g、木耳 10g

配料：大葱白 5g、姜 5g、蒜 5g

调料：淀粉 15g、盐 5g、料酒 15g、胡椒粉 3g、味精 5g、味达美 20g、白糖 10g

☁ 制作步骤

① ② ③

④ ⑤ ⑥

⑦ ⑧ ⑨

① 猪肉切成片，猪腰打麦穗花刀，猪肝切成小片，冬笋切成小片。

② 猪肉放入盆中，放入料酒。

③ 猪腰和猪肝放入盆中，放入盐。

④ 取一个小碗，放入料酒、蚝油、生抽、蒜末等调料拌匀备用。

⑤ 起锅热水，将笋片、木耳焯水捞出。

⑥ 起锅热油，油温热时下入猪肉、猪腰、猪肝煎至表面变白色，捞出控油备用。

⑦ 起锅烧油，葱姜爆香，放入猪肉、猪腰、猪肝、笋片、木耳，倒入调好的料汁。

⑧ 爆炒一分钟。

⑨ 装盘，成菜。

♨ 注意事项

1. 冬笋在炒制前最好用水焯一下，可以去除酸涩味道。

2. 要急火炒制，才能保证菜品脆嫩爽滑的口感。

15. 熘肝尖

熘肝尖是鲁式小菜中的家常菜，具有滋味鲜美、细腻嫩滑，是一道老少皆宜的家常菜。

相传在民国时期，河北北塘有一个叫国喜玉的人到辽宁做生意，他在沈阳小东门外开了一个宝发园饭馆。有一天早上来了一位20来岁的年轻人吃饭，点名要吃熘肝尖、熘腰花、熘黄菜以及煎丸子四道菜，等到菜上桌后，这位年轻人连声说好吃好吃。临走时，他把国喜玉找来，称赞这四道菜色香味俱全，以后可以称之为"四绝"。那年轻人走了以后，周围的人都来向国喜玉道喜，国喜玉感到莫名其妙。于是旁人解释说，那位年轻人不是别人，而是大名鼎鼎的少帅张学良。从此以后，宝发园的四绝名菜名声大振。

操作视频

准备材料

主料：猪肝 300g
辅料：木耳 10g、冬笋 10g、黄瓜 100g、红辣椒 20g（选用）
配料：蒜苗 10g、蒜 10g、淀粉 10g
调料：盐 5g、醋 20g、料酒 15g、生抽 15g、胡椒粉 2g

制作步骤

① ② ③

④ ⑤ ⑥

① 猪肝切成片，葱姜蒜切成小块，笋切成片。
② 将木耳、笋片焯水，捞出备用。
③ 猪肝片净水洗净后加入盐、淀粉拌匀。
④ 起锅热油，放入猪肝片快速捞出。
⑤ 油锅烧热，炒香葱段、姜丝，再放入红辣椒、木耳、笋片、猪肝片和调料。
⑥ 炒熟，装盘成菜。

🍲 注意事项

1. 猪肝先用盐水泡 30 分钟，去血水和肝脏内的毒素。
2. 炒之前可以用热水焯一下去腥，节省烹调时间，口感滑嫩。
3. 炒制时一锅成菜一气呵成。

16. 芫爆肚丝

操作视频

准备材料

主料：猪肚 400g
配料：香菜 50g、红辣椒 50g、大葱白 5g、姜 5g、蒜 5g
调料：鸡汁 10g、料酒 15g、胡椒粉 2g、盐 3g

制作步骤

① 准备好猪肚、红辣椒，清洗干净放入碗中备用。

② 将猪肚切成丝，葱姜切丝，香菜、红椒切丝。

③ 起锅热油，放入葱姜蒜爆香。

④ 放入猪肚翻炒，倒入料酒、盐等调料。

⑤ 再将红椒丝香菜丝放入，进行翻炒，烧熟。

⑥ 装盘即可成菜。

☝ 注意事项

　1. 猪肚需用清水仔细冲洗。

　2. 用小苏打将猪肚从里到外揉搓，可去除猪肚表面的油脂和黏液。

17. 酱爆鸡丁

操作视频

准备材料

主料：鸡胸肉 300g
辅料：黄瓜 100g、胡萝卜 100g、鸡蛋 1 个
配料：大葱白 3g、姜 3g、蒜 3g、淀粉 10g
调料：盐 3g、胡椒粉 2g、鸡精 3g、料酒 15g、老抽 5g、生抽 15g、甜面酱 10g

制作步骤

① 鸡肉切丁。

② 胡萝卜、黄瓜切成小块。

③ 鸡肉丁放入生抽、盐拌匀。

④ 加入淀粉拌匀，腌制 20 分钟。

⑤ 起锅热油，放入鸡丁、胡萝卜，炒至鸡丁变色，捞出备用。

⑥ 起锅热油，葱姜蒜爆香，放入生抽、甜面酱炒香。

⑦ 加入胡椒粉、料酒、老抽等炒匀，再放入鸡丁、胡萝卜、黄瓜丁翻炒。

⑧ 加少量水淀粉翻炒至上色。

⑨ 装入盛器中，成菜。

☕ 注意事项

1. 上浆时注意薄厚度的掌握。

2. 鸡丁滑油时注意油温及火候的掌握。

操作视频

准备材料

主料：猪里脊肉 300g
配料：面粉 50g、淀粉 20g、大葱白 5g、姜 5g、蒜 5g
调料：番茄酱 30g、料酒 15g、盐 2g、醋 20g、生抽 10g、白糖 10g

制作步骤

①　　　　　　　　　　②　　　　　　　　　　③

④　　　　　　　　　　⑤　　　　　　　　　　⑥

① 葱姜蒜切末，里脊肉切成 5 厘米肉条。

② 肉条放入碗中，放入葱姜蒜、料酒、盐腌制 10 分钟，再放入淀粉、面粉抓匀。

③ 起锅烧油，油五成热时放入肉条炸 1～2 分钟捞出。

④ 把炸好的肉条再次放入锅中复炸，调好糖醋汁。

⑤ 将炸好的里脊肉放入有糖醋汁的锅内，翻炒均匀。

⑥ 装盘。

🍲 注意事项

1. 炸里脊肉时应该用中火，以免外焦里生。

2. 里脊肉切长条，稍稍粗一些。

19. 栗子烧肉

主料：五花肉 400g、栗子 150g
配料：大葱白 5g、姜 5g、蒜 5g
调料：蚝油 20g、冰糖 10g、盐 5g、胡椒粉 3g、鸡汁 5g、八角 2g、白芷 1g、桂皮 1g

制作步骤

① 将五花肉用刀切成 3 厘米的块，板栗清洗干净，切成两半。
② 锅内烧水，将五花肉凉水入锅煮开，加入料酒去腥捞出。
③ 起锅热油，放入五花肉炸至金黄色捞出。
④ 起锅热油，放入冰糖，炒化至焦黄色。
⑤ 放入五花肉，翻炒 2～3 分钟，炒至肉上色，放入盐，翻炒均匀。加入板栗，倒入清水没过食材，加入调料，开火煮 30 分钟，放入葱姜蒜焖煮 10 分钟，大火收汁。
⑥ 装盘即可成菜。

☕ 注意事项
　　1. 五花肉煸炒和炒糖色时需小火。
　　2. 最后炖肉时用开水。

20. 沂蒙炒鸡

　　沂蒙山炒鸡是沂蒙老区人们最喜欢吃的菜品之一，沂蒙山历史悠久，老区人们用勤劳的双手创造了今日的辉煌，脱贫致富，饮食方面既保留了传统，又有了很大的创新。沂蒙山炒鸡主要选用当地土生土长的草鸡，加上精选的各种香料，用传统的农家炒鸡的方法，药料和鸡肉形成了绝妙的搭配。炒鸡味道回味飘香，首先突出的是鸡肉的香味，其次，汤汁收入鸡肉让鸡肉有了香料的底味，出现的是混合味道，香气持久，鸡肉不老不嫩，吃到嘴里肉感极佳。再配上当地特有的"软锅饼"，一般可以沾汤吃，饼本来没有味道，但经过鸡汤的浸泡，有了浓郁的香气，吃到嘴里软香细腻，回味悠长。

操作视频

准备材料

主料：鸡 1500g

配料：青椒 15g、红椒 10g、大葱白 5g、姜 5g、蒜 5g、干辣椒 5g、花椒 2g、八角 2g、桂皮 1g、白芷 1g、草蔻 1g、草菇 1g、小茴香 3g、丁香 1g、香叶 1g

调料：盐 10g、胡椒粉 5g、白糖 20g、料酒 15g、甜面酱 15g、黄豆酱 15g、老抽 10g、生抽 15g、蚝油 20g

制作步骤

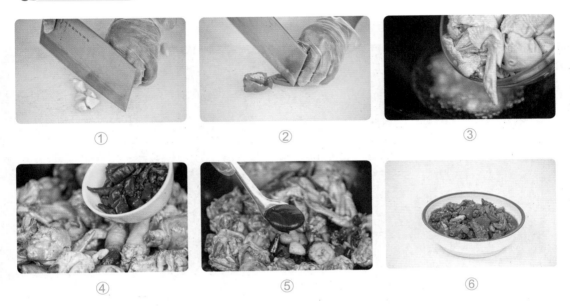

① ② ③

④ ⑤ ⑥

① 葱切段，姜切丝，蒜切片。

② 青椒、红椒切成块，鸡清洗干净切成小块。

③ 起锅热油，下入桂皮、白芷、花椒、小茴香、丁香等香料炒出香味，再放入葱段姜丝、鸡块继续翻炒。

④ 放入干辣椒翻炒。

⑤ 鸡块炒至变色后加入料酒、老抽、生抽、蚝油、甜面酱、黄豆酱翻炒均匀。加入清水烧开后，放入盐、胡椒粉、白糖翻炒约 10 分钟，再加入青椒、红椒翻炒 1 分钟。

⑥ 装盘成菜。

黄焖鸡起源于济南名店吉玲园，是山东济南特色传统名菜之一。1927 年，济南府鲁菜名店吉玲园由于名厨云集，佳肴迭出而红极一时，名商富贾、达官显贵纷至沓来，与当时的汇泉楼、聚丰德并称省城三大名店。

黄焖鸡是山东济南特色传统菜之一，属于鲁菜系家常菜品，主要食材是鸡腿肉，配以辣椒、香菇等焖制而成，味道特别赞，具有肉质鲜美嫩滑的特点。黄焖鸡讲究一个焖字，火候的掌握也是十分重要的，这道菜里必须要有香菇，它起到绝对的提味作用。

操作视频

主料：白条鸡 900g
辅料：鲜香菇 150g、土豆 400g
配料：红辣椒 150g、大葱白 5g、姜 8g、八角 5g、桂皮 5g、白芷 8g、干辣椒 8g、花椒 3g
调料：黄豆酱 80g、甜面酱 60g、鸡粉 8g、白糖 50g、老抽 5g、蚝油 5g、料酒 8g、胡椒粉 8g、盐 3g

🌀 制作步骤

① 姜切小丁，葱切段，干辣椒切段。
② 将整鸡剁成小块，土豆、红辣椒改刀切块，整鸡剁成块。
③ 锅中加油，下入姜丁煸炒出香味，放入鸡肉中火慢炒至微微变色，放入干辣椒和各种香料。
④ 翻炒出香味，倒入料酒。
⑤ 加入老抽翻炒上色。
⑥ 加入黄豆酱、甜面酱继续翻炒。
⑦ 加热水慢炖，倒入糖色，加入蚝油、白糖、盐和老抽、料酒。
⑧ 水开后放入香菇、土豆，中小火炖煮，大火收汁。
⑨ 加入胡椒粉、鸡粉、红辣椒，翻炒均匀出锅即可成菜。

🍲 注意事项

　　1. 鸡一定要先煮开，去除血水，才能防止鸡块有异味。
　　2. 收汁的时候最好使用砂锅，口感会更好。

22. 奶汤蒲菜

　　蒲菜是济南大明湖的特产之一，它是香蒲的嫩根，色白脆嫩，入馔极佳。《济南快览》说："大明湖之蒲菜，其形似茭白，其味似笋，遍植湖中，为北方数省植物菜类之珍品。"用奶汤和蒲菜烹制成肴馔，脆嫩鲜香倍增，入口清淡味美，素有"济南汤菜之冠"的美誉。"奶汤蒲菜"早在明清时期便极有名气，至今盛名犹存，"奶汤蒲菜"是济南风味菜。

操作视频

主料：蒲菜 300g
辅料：火腿 50g、油菜 30g、香菇 20g
配菜：面粉 20g
调料：盐 10g、胡椒粉 5g、料酒 20g、香油 10g

制作步骤

① 蒲菜去皮切段，油菜切段。

② 香菇泡发切片，火腿切片。

③ 锅中烧水，水开放入香菇、蒲菜、油菜、火腿焯水 1 分钟捞出。

④ 锅中倒油，倒入面粉和调料小火慢炒至微黄变香，加入半碗热水大火烧开，搅拌均匀。

⑤ 倒入蒲菜、火腿、香菇片、油菜段，中火煮 3 分钟。

⑥ 装入盛器中，成菜。

☺ 注意事项

　1. 蒲菜在使用前应用清水浸泡 3 ～ 4 小时，焯水时，水要沸要宽，一即捞出。

　2. 奶汤色要白，汤计要浓。

23. 锅塌豆腐

在明代山东济南就出现了锅塌豆腐，到清乾隆年间荣升为宫廷菜。豆腐清香、咸甜厚重。自乾隆朝起这道菜升格为宫廷菜，进了御膳房，也就贵气了许多。相传乾隆很讲究养生，豆腐甚至是每餐都不能少的，而且要换着花样地吃，而锅塌豆腐就是他非常喜欢吃的菜品之一。

最早的锅塌系列菜来自山东地区，后传入天津、北京及上海等地。

主料：豆腐 500g
辅料：鸡蛋 1 个、猪肉 50g
配料：红辣椒 10g、大葱白 5g、姜 5g、面粉 30g
调料：胡椒粉 2g、盐 5g、料酒 5g、生抽 5g

制作步骤

① ② ③
④ ⑤ ⑥
⑦ ⑧ ⑨

① 豆腐切成片，猪肉切成末，葱切丝，姜切成丝，鸡蛋打散。
② 将肉末放入盆中，放入盐、料酒、鸡蛋液拌匀。
③ 把肉末放在两片豆腐中间。
④ 裹上面粉。
⑤ 起锅热油，将裹上面粉的豆腐放入。
⑥ 淋上鸡蛋液。
⑦ 煎至两面金黄，备用。
⑧ 起锅热油，放入姜丝炒香，放入煎好的豆腐，放入胡椒粉、生抽、葱丝、红辣椒丝、清水，收汁。
⑨ 装入盘中，成菜。

🍲 注意事项

　1. 翻锅时别把豆腐翻坏。
　2. 在炸制时注意对油温的把控。

24. 四喜丸子

　　四喜丸子是中国传统名菜之一，由四个色香味俱全的大肉丸子组成，有福、禄、寿、喜四大喜事的美好寓意，经常作为硬菜被用于宴席中。

　　据传，四喜丸子创制于唐朝年间。有一年朝廷开科考试，各地学子纷纷涌至京城，其中就有张九龄。结果出来，衣着寒酸的张九龄居然中得头榜，大出众人意料，皇帝因赏识其有才智，便将他招为驸马。当时正值张九龄家乡遭水灾，父母背井离乡，不知音讯。举行婚礼那天，张九龄正巧得知父母下落，便派人接至京城。喜上加喜，张九龄高兴之余，叫厨师烹制一道吉祥菜肴，以示庆贺。

　　菜端上来一看，是四个炸透蒸熟并浇以汤汁的大丸子。张九龄询问其意，聪明的厨师答道："此菜为四圆。一喜，老爷头榜题名；二喜，成家完婚；三喜，做了乘龙快婿；四喜，合家团圆。"

　　张九龄听了哈哈大笑，连连称许。他又说道："四圆，不如四喜，响亮好听，干脆叫它四喜丸子吧。"自此以后，人们每逢结婚等重大喜庆之事，宴席上必备此菜。

操作视频

主料：五花肉 500g
辅料：香菇 50g、鸡蛋 1 个
配料：大葱白 5g、姜 5g
调料：盐 5g、生抽 3g、淀粉 15g、白糖 5g、老抽 15g、胡椒粉 5g、五香粉 2g、料酒 15g、面粉 20g

制作步骤

① ② ③

④ ⑤ ⑥

① 将五花肉切碎，葱、姜、香菇切成末。
② 肉馅放入碗中，加入老抽、白糖、清水等调料搅拌均匀。
③ 在碗中放入面粉，将肉馅放入。
④ 双手粘上面粉揉成肉丸。
⑤ 锅内热油，将丸子小火炸至微黄发干捞出。另起锅放入葱姜爆香，加入调料和清水焖煮 40 分钟。
⑥ 装盘淋上汤汁即可成菜。

☕ 注意事项
　　1. 丸子要摔打紧实制圆。
　　2. 炸制时注意控制油温，油温不要太高。

操作视频

准备材料

主料：带鱼 500g
辅料：冬笋 15g、五花肉 50g、香菇 20g
配料：大葱白 5g、姜 5g、蒜 5g
调料：盐 5g、白糖 20g、胡椒粉 5g、料酒 15g、八角 2g、酱油 3g、生抽 3g

制作步骤

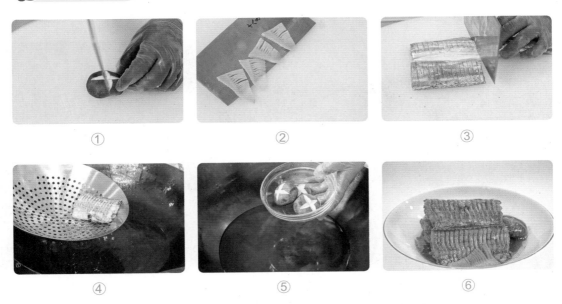

① 香菇用刀花十字，清洗干净备用。

② 将五花肉、冬笋、葱、姜、蒜洗净切片。

③ 带鱼切成 5 厘米长的段，加入盐、料酒、酱油抓匀，腌制 15 分钟。

④ 将带鱼两面煎至金黄，控油备用。

⑤ 将香菇、冬笋、放入热水中，焯 2 分钟捞出。

⑥ 锅内倒油，放入白糖炒化，再起锅热油，放入八角、五花肉、葱、姜、蒜炒香，再加入水、料酒、盐、生抽、胡椒粉搅拌均匀，再放入炸好的带鱼、肉、香菇和冬笋烧至汤汁变黏稠装盘即可。

🍲 注意事项

　　1. 带鱼煎炸之前，沥干水分，否则会粘锅。

　　2. 炸制带鱼的时候注意火候，不要炸煳。

26. 香炸藕合

传说，一个叫欧莲的姑娘和丈夫生活在一个小村子里，两人相亲相爱，不离不弃。一天夜里，丈夫被官府拉去当兵，一去不复返。欧莲痛苦之中留下了一首《送别诗》后，投入深池，结束了自己的生命。

西送日落东送君，堤水秋池两依依。上天被欧莲的痴情感动，让他们的灵魂在池塘里相聚，后来他们化作莲藕，莲藕藕断丝连，体现爱情的伟大，体现人们的离别之痛。

操作视频

主料：藕 500g
辅料：五花肉馅 200g、面粉 100g
配料：韭菜 20g、大葱白 5g、姜 5g
调料：盐 5g、鸡精 3、胡椒粉 2g、料酒 10g、生抽 15g、味极鲜 10g

制作步骤

①   ②   ③

④   ⑤   ⑥

① 莲藕洗净去皮，第一刀切成片，第二刀在中间切开不要切断，葱姜切成末，韭菜切末。
② 肉馅中放入葱姜末和韭菜末，再放入盐、鸡精、生抽、料酒、味极鲜、胡椒粉拌匀。
③ 碗中加入面粉，搅成面糊，裹上面粉。
④ 将肉馅填进切好的藕片内，藕合均匀地裹上面糊。
⑤ 起锅热油，四成热时，小火开始炸藕合。
⑥ 期间翻面，直至两面金黄炸熟，装盘成菜。

🍲 注意事项

    1. 肉馅往藕合中放时要均匀，夹好后将藕片轻轻压一下。
    2. 藕片切好后可放入淡盐水中防氧化变色。
    3. 应小火炸藕合，火太大易炸煳。

27. 蒜爆肉

操作视频

主料：五花肉 200g
配料：蒜 100g、鸡蛋 1 个、淀粉 15g
调料：盐 5g、白糖 15g、生抽 20g、鸡粉 2g、鸡汁 3g

制作步骤

① 大蒜切成蒜块，将肉切成薄片。
② 将切好的肉片放进碗中，加入生抽、盐、鸡蛋、淀粉和水，搅拌均匀腌制半小时。
③ 起锅热油，将腌制好的肉倒入，炸制变色，控油捞出。
④ 锅内倒油，将蒜块倒入锅内，进行爆香，倒入由生抽和鸡汁等调成的酱汁翻炒。
⑤ 放入肉片，快速翻炒，收汁。
⑥ 装盘即可成菜。

😋 注意事项

1. 五花肉可放入冰箱冷冻，方便切片。
2. 选里脊肉或外脊，这样炒出的肉片口感鲜嫩。

28. 孜然羊肉

操作视频

☁ 准备材料

主料：羊肉 300g
配料：鸡蛋 1 个、葱 8g、姜 8g
调料：淀粉 20g、孜然粉 20g、辣椒粉 10g、胡椒粉 3g、盐 5g、蚝油 3g、料酒 5g、生抽 5g

☁ 制作步骤

① ② ③

④ ⑤ ⑥

① 葱姜清洗干净，葱、姜切末，羊肉切成薄片，放入碗中。
② 羊肉中加入孜然、蚝油、生抽、料酒、蛋清等调料抓匀腌制 20 分钟。
③ 起锅热油至三成热，放入羊肉，等羊肉变色，捞出备用。
④ 锅内热油，葱姜末爆香。
⑤ 放入羊肉、孜然粉、生抽、料酒等调料。
⑥ 翻炒均匀即可装盘。

> ☕ 注意事项
> 1. 羊肉可选择后腿肉。
> 2. 孜然和辣椒用量根据个人口味调整。

操作视频

主料：海参 200g

辅料：精肉 100g、海米 8g、竹笋 8g

配料：香菜 5g、大葱白 5g、姜 5g、淀粉 15g

调料：胡椒粉 5g、盐 10g、鸡粉 3g、料酒 20g、醋 30g、生抽 15g

制作步骤

① 将海参清洗干净。

② 将精肉切成薄片，葱姜切成丝。

③ 起锅热水，将海参汆制，捞出备用。

④ 起锅热油，放入葱姜炒香，放入肉片、料酒翻炒。

⑤ 倒入 250mL 的清水烧开，放入生抽等调料，烧开后放入海参、海米烧沸，撇去浮沫，加水淀粉搅拌，加入竹笋、葱姜丝、香菜搅拌。

⑥ 盛入汤碗中，成菜。

😋 注意事项

1. 挑选海参：优质海参参体为黑褐色、鲜亮、呈半透明状。

2. 将海参放入清水中，漂浸 2 ~ 3 个小时，至海参变软，无酸味和苦涩味。

操作视频

主料：白菜 300g、大虾 200g
配料：大葱白 5g、姜 5g、蒜 5g
调料：番茄酱 20g、料酒 10g、胡椒粉 1g、盐 5g、生抽 15g、白糖 10g

制作步骤

① 白菜清洗干净，切成块。

② 起锅热油，放入葱、蒜、姜块、虾，炒至变色，捞出备用。

③ 起锅热油，放入白菜翻炒，炒至变软。

④ 放入盐、番茄酱、生抽、胡椒粉等调料。

⑤ 再放入大虾翻炒。

⑥ 装入盛器中，成菜。

☗ 注意事项

1. 挑选虾要看新鲜度，新鲜的明虾用手触碰时会跳动，不新鲜的虾不会跳动。

2. 新鲜虾的颜色越深越好。

31. 花生烧猪手

操作视频

主料：猪蹄 600g、花生 250g

配料：大葱白 30g、姜 20g、八角 5g、桂皮 5g、陈皮 1g、丁香 3 个、白芷 3g、干辣椒 3g、花椒 2g

调料：豆瓣酱 20g、沙茶酱 40g、海鲜酱 20g、辣妹子酱 20g、盐 1g、老抽 2g、鸡粉 5g、白糖 5g、生抽 8g、蚝油 5g、胡椒粉 5g、料酒 5g

制作步骤

①   ②   ③

④   ⑤   ⑥

① 锅中倒入清水，将猪蹄下入，加入料酒、葱、姜。

② 水开撇出血沫，煮 20 分钟捞出。

③ 锅中倒油，葱姜爆香，加入各种香料、干辣椒、豆瓣酱翻炒出香味，再加入沙茶酱、海鲜酱、辣妹子酱。

④ 将调料炒化，倒入清水，将料渣捞出，放入猪蹄。

⑤ 加入料酒、生抽等调料中火煮开，倒入花生，小火熬煮 50 分钟。

⑥ 装盘即可成菜。

☙ 注意事项

1. 猪蹄、花生尽量不要放在铁锅里煮，会变黑。

2. 推荐使用砂锅和不锈钢锅。

准备材料

主料：杏鲍菇 500g
配料：青辣椒 10g、红辣椒 8g、大葱白 8g、姜 8g、蒜 8g
调料：生抽 10g、蚝油 10g、盐 2g、胡椒粉 1g、鸡粉 2g

制作步骤

① 杏鲍菇切成厚 0.5 厘米的圆片。

② 青红辣椒切成片。

③ 香鲍菇下入焯水，捞出沥干。

④ 起锅热油，五分热时将杏鲍菇、青红椒片炸至金黄色捞出。

⑤ 锅内留油，倒入葱姜蒜炒香，再放入杏鲍菇、青红椒，放入调料翻炒。

⑥ 装入盛器中，成菜。

☕ **注意事项**

1. 杏鲍菇用大火煎炸，炒时用小火。

2. 杏鲍菇要进行焯水，去掉草酸。

操作视频

主料：猪肚 500g、鸡 500g
辅料：大枣 10g、枸杞 3g、党参 5g、油菜 5g、冬笋 15g
配料：蒜苗 5g、大葱白 5g、姜 5g
调料：盐 10g、胡椒粉 8g、料酒 20g、鸡粉 5g

制作步骤

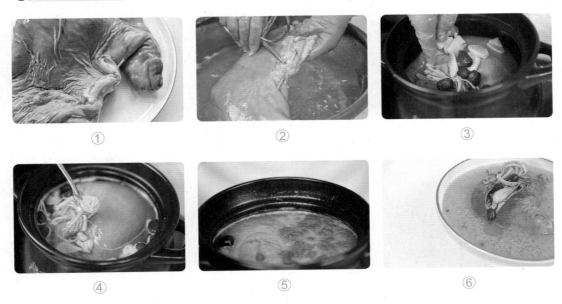

① ② ③

④ ⑤ ⑥

① 将猪肚用盐反复清洗干净，鸡清洗干净后去掉头部和脚，放入锅中煮开，去掉浮沫后捞出。

② 将鸡塞入猪肚内用牙签封口。

③ 将包好的猪肚鸡放入砂锅，加入大枣、党参、姜片、葱片、冬笋后倒入清水。

④ 烧开，加入料酒、鸡粉、盐、胡椒粉炖 2 小时。

⑤ 加入枸杞，再炖半小时至熟烂。

⑥ 加入蒜苗和油菜装盘即可成菜。

☺ 注意事项

　　炖煮的时候，需要多次翻动肚包鸡，以免粘锅。

34. 砂锅牛肉

操作视频

主料：牛腩 600g
辅料：胡萝卜 100g、土豆 100g、洋葱 100g
配料：大葱白 8g、姜 8g、干辣椒 3g、花椒 2g、八角 2g、桂皮 2g、香叶 1g
调料：冰糖 50g、盐 8g、鸡粉 6g、白糖 5g、生抽 5g、老抽 4g、胡椒粉 6g、料酒 5g

制作步骤

① ② ③ ④ ⑤ ⑥ ⑦ ⑧ ⑨

① 胡萝卜改刀切成块、土豆改刀切成块，洋葱改刀切成块，大葱切段，姜切片。

② 牛腩切成大块。

③ 锅内加水，下入牛腩块，放入葱姜、料酒，水煮去腥，捞出过凉。

④ 锅中加油，加入冰糖，小火不断翻炒，炒至冒泡加入清水。将糖色水烧开盛出备用。

⑤ 锅中加油，下入葱姜、香叶、桂皮、八角、干辣椒、花椒翻炒爆香。

⑥ 加入牛腩翻炒均匀。

⑦ 加入料酒翻炒均匀入味。

⑧ 加入清水、糖色，小火慢炖，下入胡萝卜、土豆、洋葱翻炒均匀，再放入生抽、盐、白糖、鸡粉、胡椒粉、老抽，炖煮 20 分钟。

⑨ 装盘即可成菜。

注意事项

1. 砂锅最好事先用热水预热一下，以免炸裂。

2. 生抽、老抽都有咸味，不放盐也可。

35. 杭椒小炒肉

操作视频

- 80 -

准备材料

主料：五花肉 300g
配料：青杭椒 50g、红杭椒 50g、大葱白 5g、姜 5g、蒜 5g
调料：胡椒粉 2g、盐 3g、白糖 5g、生抽 15g、老抽 8g、料酒 10g、甜面酱 20g、鸡粉 1g

制作步骤

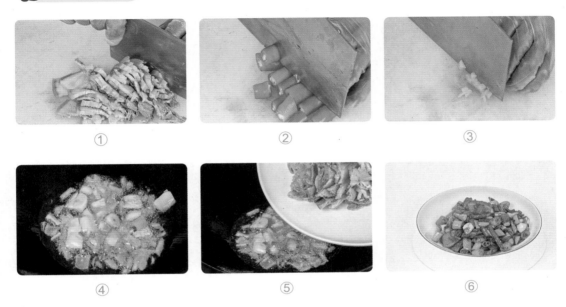

① ② ③

④ ⑤ ⑥

① 五花肉切成薄片。

② 杭椒切成小块。

③ 葱、姜、蒜切块。

④ 起锅热油，放入葱姜蒜炒香。

⑤ 放入五花肉翻炒。放入盐、胡椒粉、白糖、生抽、老抽、料酒、甜面酱、鸡粉翻炒均匀，放入杭椒
　炒熟。

⑥ 装入盘中，成菜。

☕ 注意事项

　　不宜过多地食用杭椒，否则会引起上火等不良症状。

操作视频

主料：带皮五花肉 750g、鲍鱼仔 500g

配料：姜 15g、大葱白 10g、香叶 2g、桂皮 4g、八角 3g

调料：糖色 100g、鸡粉 6g、盐 3g、胡椒粉 6g、生抽 8g、白糖 5g、料酒 5g

制作步骤

① ② ③

④ ⑤ ⑥

① 葱切段，姜切片，五花肉切成块。

② 锅中倒入水，五花肉放入锅中，加入葱姜、料酒，煮开 20 分钟捞出。

③ 锅中倒油，油热下入八角、桂皮、姜片炒香，放入五花肉煸炒至两面稍微发黄。

④ 放入葱段、香叶、糖色、料酒、清水开始炖煮。

⑤ 小火炖约 40 分钟，下入鲍鱼仔，翻炒均匀，放入胡椒粉等调料，转小火炖 10 分钟。

⑥ 装盘即可成菜。

注意事项

  痛风患者及尿酸高者不适宜食用鲍鱼肉。

操作视频

准备材料

主料：排骨 500g
辅料：铁观音茶叶 30g
配料：大葱白 5g、姜 5g、八角 1g、
调料：料酒 20g、白糖 20g、老抽 20g、盐 8g、胡椒粉 5g

制作步骤

① 排骨洗净，切成 5 厘米的块，放净水锅中加料酒煮开后捞出，铁观音茶叶用热水泡开，滤出茶叶
　 备用。
② 起锅热油，将白糖炒化。
③ 放入八角、葱姜炒香。
④ 放入排骨翻炒，加入老抽提色。
⑤ 加入泡好的茶水、糖色、盐和胡椒粉，没过排骨，烧开后小火炖 30 分钟收汁。
⑥ 将泡好的茶叶炸酥，撒在排骨上装盘即可。

☕ 注意事项

　1. 新鲜质佳的排骨颜色明亮呈红色，手摸起来肉质紧密，闻起来没有腥臭味。
　2. 茶叶一定用热水泡开，放入锅中炸的时候注意火候。

操作视频

主料：带鱼 400g
配料：大葱白 25g、姜 30g、脆炸粉 280g
调料：花椒 0.5g、料酒 35g、胡椒粉 10g、鸡粉 15g、盐 25g

制作步骤

① ② ③

① 带鱼清洗干净，切成段，葱姜切成小块。

② 切好的带鱼放入碗中，加入花椒、胡椒粉、料酒、盐、鸡粉腌制 10 分钟，裹上用水调好的脆炸粉，起锅热油，煎炸至两面金黄，捞出即可。

③ 摆盘成菜。

注意事项

1. 带鱼柔嫩体肥、味道鲜美，鱼身无细刺，适合小孩和老年人食用。

2. 选择带鱼要新鲜，炸鱼时注意火候。

39. 糖醋鸡翅

操作视频

准备材料

主料：鸡翅 500g
配料：淀粉 10g、大葱白 5g、姜 5g、蒜 5g
调料：生抽 20g、料酒 15g、醋 20g、白糖 15g、盐 5g、胡椒粉 2g

制作步骤

① 葱姜蒜切片，鸡翅改刀。
② 锅内倒水，将鸡翅放入煮开，去掉浮沫后捞出。
③ 锅中加油烧热炒糖色。
④ 放入鸡翅，略微煎炸至变黄，加葱姜蒜片炒香。
⑤ 加入料酒、盐、生抽、500mL 水，炖煮至汤汁黏稠加入白糖、醋和胡椒粉。
⑥ 收汁装盘，可用香菜叶点缀成菜。

注意事项

1. 鸡翅水煮开 10 分钟后捞出控水即可。
2. 新鲜的鸡翅外皮色泽白亮呈米色，并且富有光泽，肉质富有弹性。

操作视频

主料：牛里脊肉 300g、芹菜 150g
配料：大葱白 5g、姜 5g、淀粉 10g
调料：盐 3g、鸡粉 2g、胡椒粉 2g、料酒 10g、生抽 15g、蚝油 15g、白糖 2g

制作步骤

① 牛肉用水清洗干净，沥干水分，切成丝。

② 芹菜切成长条。

③ 将牛肉放进盛具中，加入料酒、胡椒粉、淀粉、盐、生抽。

④ 用手抓匀，腌制 20 分钟。

⑤ 热锅凉油，下入腌好的牛肉迅速翻炒至变色，捞出。

⑥ 锅内倒油，放入葱姜丝炒香。

⑦ 放入芹菜、牛肉翻炒均匀。

⑧ 再放入料酒、生抽、蚝油等调料翻炒。

⑨ 装盘成菜。

注意事项

脾胃虚寒、肠滑不固、血压偏低者，少食。

代表名菜

41. 萝卜丝炖鲜虾

主料：大虾 400g、青萝卜 100g
配料：香菜 5g、大葱白 3g、姜 3g
调料：盐 5g、胡椒粉 5g、鸡汁 2g、料酒 5g

🌀 制作步骤

①   ②   ③

④   ⑤   ⑥

⑦   ⑧   ⑨

① 鲜虾去掉虾线，清洗干净。
② 萝卜去皮清洗干净，切丝备用，葱切成小段，姜切成小片。
③ 起锅烧水，萝卜丝放入焯水，捞出备用。
④ 起锅热油，放入虾，炸至变色后捞出备用。
⑤ 起锅热油，放入葱、姜炒香。
⑥ 放入萝卜丝，倒入鸡汁。
⑦ 倒入清水，烧开后，再放入虾。
⑧ 中火烧煮 5 分钟，放入盐等调料。
⑨ 装盘，香菜点缀成菜。

🍲 注意事项
    可以在虾的背部用牙签将虾线挑出。

操作视频

主料：排骨 500g
配料：鸡蛋 3 个、蒜苗 8g、香菜 5g、大葱白 5g、姜 5g、八角 2g
调料：胡椒粉 5g、白糖 15g、老抽 8g、生抽 20g、料酒 20g、盐 5g、甜面酱 15g

制作步骤

① ② ③

④ ⑤ ⑥

① 葱、姜、蒜、香菜切好备用。

② 排骨冷水下锅，煮到水开后捞出。

③ 锅里倒油加热，放入葱、姜、蒜、八角炒香。

④ 加入各种调料芡汁，倒入清水。

⑤ 放入排骨，加水超过排骨，大火炖煮 20 分钟，放 3 个鸡蛋，改小火炖煮 30 分钟。

⑥ 装盘，撒上香菜即可。

注意事项

　　挑选排骨时，首先看排骨的颜色，新鲜排骨颜色是淡红色，不新鲜的排骨颜色暗淡。

准备材料

主料：羊肉 400g
辅料：香菜 50g、青红小米辣各 5g
配料：大葱白 5g、姜 5g、蒜 5g、淀粉 20g、蛋清 1 个
调料：盐 5g、料酒 15g、鸡粉 3g、胡椒粉 2g、白糖 2g

制作步骤

① 羊肉切片，青红小米辣切成小块，葱姜切末，香菜切成小段。
② 将切好的羊肉放入碗中，放入淀粉、料酒、鸡蛋清搅拌均匀，腌制。
③ 热锅凉油，下入羊肉煸炒，放入青红小米辣，捞出备用。
④ 起锅热油，放入葱姜蒜，煸出香味，放入调料。
⑤ 再放入羊肉、青红小米辣、香菜大火爆炒。
⑥ 装盘即可成菜。

注意事项

羊肉炒制时间不宜过长。

操作视频

主料：鲫鱼 400g、羊腿肉 500g
辅料：白萝卜 250g
配料：枸杞 3g、大葱白 5g、姜 5g、白芷 1g、白酒 10g、山茶 1g
调料：鸡粉 3g、胡椒粉 5g、盐 8g、白糖 5g

制作步骤

① ② ③

④ ⑤ ⑥

① 羊腿肉切成块，鲫鱼宰杀清理干净。
② 放入姜片，将羊腿肉冷水下锅煮开，去掉浮沫后捞出。鲫鱼热锅下油煎至两面定型上色。
③ 锅中留油烧热，放入姜片、白芷、山茶炒香。
④ 倒入羊肉块煸炒 1 分钟，加水烧开去除浮沫。
⑤ 倒入高压锅压制 15 分钟，倒入锅中，放入萝卜块、鲫鱼大火烧约 15 分钟。
⑥ 放入盐、胡椒粉等调味，继续烧约 5 分钟，加入枸杞出锅倒入汤碗中成菜。

🍲 注意事项

1. 羊肉膻味重，加白芷，能去除膻味。
2. 羊肉汤汁要浓白，必须先把羊肉煮一遍水。

操作视频

准备材料

主料：虾仁 300g、芦笋 100g
配料：白果 50g、红椒片 10g、大葱白 3g、姜 5g、淀粉 8g
调料：盐 5g、糖 5g、鸡精 3g、胡椒粉 3g

制作步骤

① 先将虾开背去虾线清洗干净，芦笋切段备用；将虾仁、芦笋、白果、红椒片加糖和盐焯水捞出。

② 起锅烧油，放入葱姜段爆香。

③ 放入虾、芦笋等进行翻炒。

④ 加盐、糖等调料调味。

⑤ 进行翻炒。

⑥ 出锅装盘。

🍲 注意事项

　　虾仁纤维含量少，口感鲜美，且营养丰富，是常见的养生佳品。

46. 红烧肘子

　　"红烧肘子"是鲁菜宴席中传统的大件菜，山东婚宴的前道菜大多是加了海参的"海参肘子"。选用带皮去骨的猪肘子为主料，经过水煮、过油、蒸制而成，成品色泽红润明亮，造型优美大方，质地酥烂软糯，口味香醇不腻。"红烧肘子"在山东举办的"首届鲁菜大奖赛"上曾被评为十大名菜之一。

操作视频

☁ 准备材料

主料：肘子 1000g
配料：大葱白 10g、姜 10g、白芷 2g、八角 1g、桂皮 1g、干辣椒 3g
调料：老抽 10g、白糖 20g、盐 15g、胡椒粉 10g、甜面酱 30g、料酒 20g

☁ 制作步骤

① 葱姜切成块。

② 肘子清洗干净。

③ 肘子冷水下锅，放入料酒，烧开撇出浮沫，煮开 15 分钟后捞出。起锅热油，将肘子炸至金黄色捞出。

④ 起锅热油，放入干辣椒、八角等香料炒香，再放入葱姜、甜面酱翻炒。

⑤ 放入老抽等调料熬制汤汁，放入肘子，小火慢炖 2 小时。

⑥ 出锅放入汤碗中，撒上葱末即可成菜。

☕ 注意事项

1. 可以用菜刀刮刮肘子表皮，用清水清洗干净。

2. 肥胖和血脂较高者不宜多食，食用猪肉后不适宜大量饮茶。

操作视频

准备材料

主料：牛肉 200g、紫洋葱 200g
配料：大葱白 5g、姜 5g、蒜 5g、淀粉 10g
调料：盐 3g、胡椒粉 2g、鸡粉 2g、料酒 10g、蚝油 20g、生抽 15g、白糖 5g

制作步骤

① 将洋葱清洗干净，切成块。
② 牛肉清洗干净，切成薄片，葱姜蒜切成末。
③ 将切好的牛肉放入碗中，加入盐、料酒、淀粉抓匀腌制 10 分钟。
④ 起锅热油，放入腌好的牛肉迅速翻炒至变色捞出。
⑤ 另起锅热油，放入葱姜蒜炒香，加入炒好的牛肉，放入蚝油、生抽、白糖、鸡粉、胡椒粉、盐翻炒均匀。
⑥ 再放入洋葱、牛肉翻炒 5 分钟，即可出锅。

☕ 注意事项

　1. 牛肉提前腌制会更入味。
　2. 炒制时注意火力变化，切勿将肉完全炒干、炒焦影响口感。

48. 安康鱼炖豆腐

操作视频

准备材料

主料：安康鱼 1300g、豆腐 150g
配料：香菜 8g、大葱白 5g、姜 5g、八角 1g
调料：盐 10g、胡椒粉 5g、料酒 10g、鸡粉 3g

制作步骤

① ② ③

④ ⑤ ⑥

① 葱、姜切成片，备好调料。
② 安康鱼切成小块。
③ 豆腐切块。
④ 将豆腐、安康鱼凉水下锅，加入盐、料酒煮烫捞出。
⑤ 锅内加油，将葱、姜、八角炒香，放入鱼块翻炒。
⑥ 倒入清水，加入豆腐、盐、胡椒粉、鸡粉盖上锅盖，中火炖 30 分钟，大火收汁装盘撒上香菜末
即可。

😋 注意事项
　1. 注意烧制时间。
　2. 下入豆腐后烧制 3 分钟左右即可。

49. 卤猪手

　　卤猪手曾经有个美好的传说：一名秀才进京赶考，连年未中。又一年赶考路上不慎盘缠丢失。只好忍饥前行。突闻到一丝淡淡的诱人香气从远处飘来，秀才寻香紧赶数里，终见多人围在一口锅边，锅内猪手香气四溢闻之食欲大增。连忙取出随身佩戴多年的祖传玉牌，说明缘由，正巧被店老板宝贝丫头听到，见此人虽满身疲惫但不失礼节，举止儒雅且生得眉清目秀。本就善良的姑娘大发同情之心，随端上自家的卤猪手供秀才享用，上路时又用布包了一些猪手和自己全部的私房钱送于秀才。

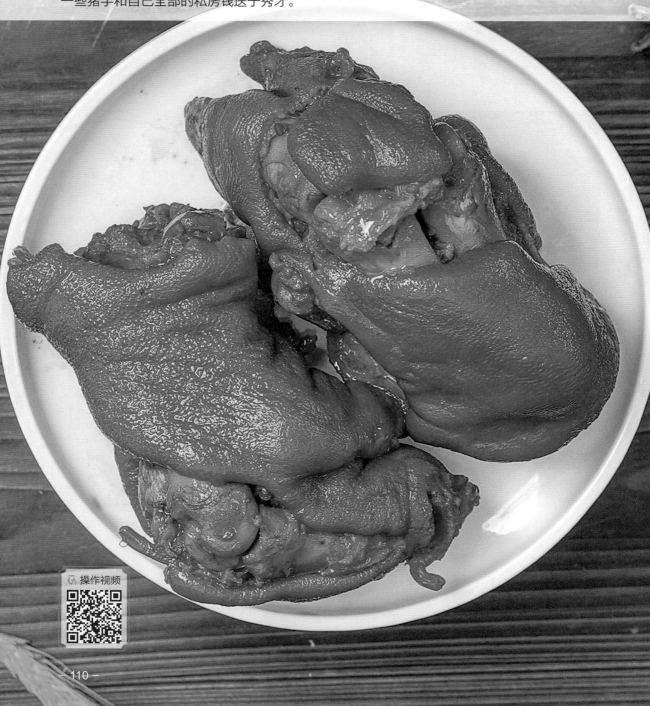

操作视频

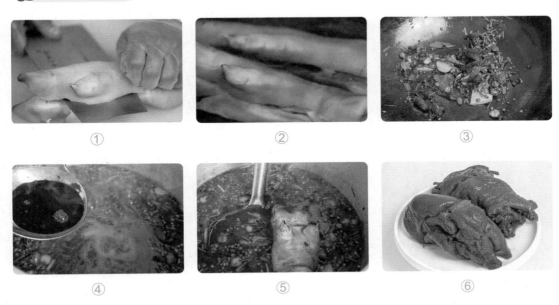

准备材料

主料：猪蹄 500g

配料：香叶 1g、八角 2g、花椒 2g、毛桃 1g、山柰 1g、陈皮 1g、草果 1g、丁香 0.5g、肉蔻 1g、小茴香 2g、白芷 1g、栀子 2g、桂皮 1g、良姜 2g

调料：盐 20g、鸡精 5g、胡椒粉 5g、冰糖 20g、老抽 10g、料酒 20g、生抽 20g

制作步骤

① 将猪蹄清洗干净。

② 锅中放入清水、料酒后，放入猪蹄煮开，水煮浮沫后捞出。

③ 起锅热油，放入八角、桂皮等香料，炒香。

④ 加入清水、老抽、生抽等调料。

⑤ 放入猪蹄，大火烧开，转小火卤至猪蹄熟透。

⑥ 装盘，成菜。

注意事项

1. 猪蹄含脂肪量高，胃肠消化功能减弱的老年人慎食。

2. 晚餐或临睡前不宜吃猪蹄，以免增加血黏度。

准备材料

主料：韭黄 150g、鸡蛋 250g
辅料：虾皮 10g
调料：盐 5g

制作步骤

① ② ③
④ ⑤ ⑥

① 韭黄清洗干净，切成小段。

② 鸡蛋打入碗中，用筷子打散，放入虾皮，搅拌均匀。

③ 起锅热油，倒入鸡蛋液，炒至成块。

④ 另起锅热油，放入韭黄炒至断生。

⑤ 再放入炒好的鸡蛋，放入盐调味。

⑥ 装盘、成菜即可。

☕ 注意事项

1. 虾皮本身是咸的，盐要少放。

2. 消化不良或肠胃功能较弱者，不可多食韭黄。

51. 乌鸡菌菇汤

操作视频

主料：乌鸡 750g

辅料：蟹味菇 30g、海鲜菇 30g

配料：枸杞 10g、当归 2、白芷 1g、八角 1g、香叶 1g、花椒 1g、大葱白 5g、小葱 5g（选用）、姜 5g

调料：鸡粉 5g、胡椒粉 5g、盐 10g

制作步骤

① 姜改刀切块。

② 葱白改刀切块，小葱切花。

③ 将乌鸡去油加入料酒煮开后捞出。

④ 锅内倒水，放入菌菇焯水捞出，用凉水冲洗。

⑤ 放入葱姜和香料翻炒爆香，将乌鸡放入。

⑥ 倒入清水，放入调料，加入菌菇，中火烧开转中小火煲 1 小时，撒枸杞盛入汤碗，撒葱花即可成菜。

🍲 注意事项

1. 海鲜菇需要提前用温水浸泡半小时，用手搓、清洗即可。

2. 乌鸡水煮不要超过 15 分钟，否则会影响口感。

52. 葱爆羊肉

操作视频

准备材料

主料：羊肉 280g、大葱 120g
配料：鸡蛋 1 个、淀粉 10g、小米辣 10g、青辣椒 10g
调料：盐 25g、鸡粉 30g、老抽 8g、糖 15g、料酒 10g、生抽 30g

制作步骤

① 羊肉切成薄片。
② 大葱切成大段，小米辣切小段，青辣椒切小块。
③ 切好的羊肉，加入盐、料酒、淀粉、鸡蛋清腌制。
④ 起锅热油，放入葱姜片、生抽等调料。
⑤ 再放入葱段、小米辣、青辣椒。
⑥ 再放入羊肉爆炒。
⑦ 爆炒至羊肉变色。
⑧ 再继续爆炒，收汁。
⑨ 装入盛器中，成菜。

👅 注意事项

1. 爆炒需要大火快炒，锅热、油热才能保证肉片鲜嫩多汁。
2. 炒制时注意炒制时间。
3. 如不吃辣，可不放小米辣和青辣椒。

53. 砂锅丸子

操作视频

主料：五花肉馅 300g
辅料：大白菜 200g、粉丝 100g
配料：鸡蛋 1 个、大葱白 5g、姜 5g、八角 1g、湿淀粉 15g
调料：葱姜花椒水 20g、蚝油 10g、生抽 15g、料酒 15g、盐 8g、胡椒粉 5g、鸡粉 3g

制作步骤

① 将白菜取心洗净，撕成小块，葱姜切块，粉丝用温水泡软，剪短。
② 肉末放入碗中，加入胡椒粉、盐、料酒、蚝油、生抽、鸡蛋、鸡粉、湿淀粉搅拌均匀。
③ 用虎口处将肉馅汆成小丸子。
④ 起锅热油，倒入葱、姜、八角炒香。
⑤ 放入白菜心翻炒，加入清水、胡椒粉等调味料翻炒均匀。
⑥ 放入丸子和粉丝煮熟，放入葱姜花椒水搅拌，装进砂锅即可成菜。

注意事项

食用猪肉后不宜大量饮茶。

主料：西红柿 200g、金针菇 500g
配料：大葱白 5g、蒜 5g、香菜 5g、洋葱 20g
调料：番茄酱 20g、盐 10g、胡椒粉 5g、鸡粉 3g、醋 20g、料酒 10g

制作步骤

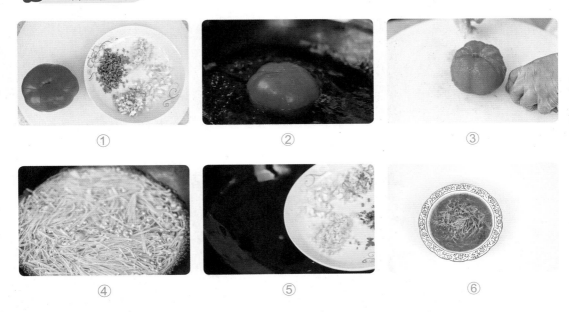

① 葱、蒜、香菜、洋葱切末，番茄切十字刀。
② 锅内倒水烧开，放入番茄，用热水烫一下。
③ 番茄去皮，切丁。
④ 锅中烧水将金针菇倒入锅中焯水捞出。
⑤ 锅内倒油，下入葱、蒜、洋葱煸出香味，倒入番茄丁煸炒至溶化，番茄丁炒出汁。
⑥ 放入番茄酱、鸡粉、盐等调料轻轻搅动，放入金针菇烧至沸腾，转小火撒上香菜末，装盘即可。

注意事项

1. 脾胃虚寒者金针菇不宜吃得太多。
2. 金针菇焯水的时间不要太长。

55. 酿尖椒

操作视频

主料：青尖椒 400g、肉馅 250g
配料：大葱白 30g、姜 30g、八角 1 个、淀粉 10g
调料：盐 6g、鸡粉 6g、白糖 4g、料酒 6g、老抽 5g、蚝油 7g、胡椒粉 2

制作步骤

① 肉馅加入葱、姜、水、盐等调料，调均匀成馅料。

② 将青椒切成 5 厘米的节，将肉馅放入青尖椒内。

③ 两头扑粉。

④ 入锅中煎至定型上色。

⑤ 锅内热油，炝香葱、姜、八角，倒入老抽、蚝油翻炒调味。

⑥ 加入清水，放入尖椒加调料烧制入味，煮熟捞出备用。锅底汤汁加水淀粉勾芡，将汤汁浇在尖椒上即可。

🍲 注意事项

　　辣椒不能过多食用，会刺激胃肠黏膜，可能会引起胃痛、腹泻等疾病。

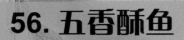

56. 五香酥鱼

操作视频

准备材料

主料：鲫鱼 500g
配料：干辣椒 5g、八角 1g、花椒 2g、桂皮 2g、小茴香 1g、香叶 1g、大葱白 5g、蒜 5g，姜 5g
调料：料酒 10g、胡椒粉 2g、盐 5g、醋 20g、生抽 20g、老抽 8g、辣妹子酱 5g、香辣酱 5g

制作步骤

① 大葱洗净切段，姜蒜洗净切片。

② 鲫鱼刨开清洗干净。

③ 将鲫鱼放入碗中，加入葱、姜、盐、胡椒粉、料酒腌制 10 分钟。

④ 起锅热油，放入鲫鱼。

⑤ 煎至两面变金黄色捞出，锅内倒油，加入葱、姜、蒜、八角、干辣椒、花椒、桂皮、小茴香、香叶、辣妹子酱、香辣酱爆香，倒入清水，烹入生抽、老抽、醋烧开。

⑥ 放入鲫鱼，大火烧开，小火烧制，汤汁变少后出锅成菜。

操作视频

主料：鸡腿肉 300g
辅料：香菇 100g
配料：香葱 10g、姜 25g、大葱白 30g、淀粉 30g
调料：料酒 25g、胡椒粉 5g、鸡粉 5g、生抽 20g、盐 15g、蚝油 30g

制作步骤

① ② ③

④ ⑤ ⑥

① 鸡腿肉切小块。
② 香葱切末，大葱切小段，姜切片。
③ 鸡肉中放入料酒、生抽、蚝油、盐、鸡粉、胡椒粉、淀粉搅拌均匀。
④ 加入泡发好的香菇搅拌均匀。
⑤ 锅中加入清水蒸煮 20 分钟。
⑥ 装盘，撒上香葱末点缀即可成菜。

注意事项

1. 用蚝油代替酱油腌鸡块，鸡块不但滑，而且鸡味更鲜。
2. 香菇在蒸煮之前加入鸡块中，防止吸收过多咸味。

58. 番茄炖蟹子

操作视频

主料：梭子蟹 500g、西红柿 240g
配料：淀粉 50g、香葱 6g、大葱白 15g、姜 10g
调料：胡椒粉 5g、料酒 30g、鸡粉 10g、盐 20g、白砂糖 10g、生抽 30g

制作步骤

① 从头部将螃蟹打开，清理干净，去掉螃蟹腿。

② 姜切片，葱切小段，香葱切末备用。

③ 西红柿改刀切块。

④ 改刀好的螃蟹，在切口处沾上淀粉。

⑤ 锅内倒入食用油，放入螃蟹块中火炸制到橙黄色，捞出控油。

⑥ 另起锅烧油，下入葱姜段煸炒，下入西红柿。

⑦ 西红柿炒出汁水，放入螃蟹和生抽、料酒，翻炒均匀，加水小火慢炖 15 分钟。

⑧ 加入盐、白糖、胡椒粉翻炒均匀。

⑨ 再放入鸡粉翻炒均匀，装盘即可。

☕ 注意事项

1. 螃蟹性寒凉，脾胃虚寒者不宜多吃，容易造成脾胃不适。

2. 螃蟹要清洗干净，要去掉螃蟹腮。

59. 油淋大黄鱼

操作视频

准备材料

主料：大黄鱼 600g 左右
配料：大葱白 100g、青椒 15g、红椒 10g、姜 25g
调料：白糖 20g、鸡粉 20g、胡椒粉 10g、料酒 30g、盐 20g、生抽 30g、陈醋 25g

制作步骤

① 葱、姜切片，葱白、青椒、红椒切丝备用。

② 黄花鱼打上花刀，加入葱姜片、盐、料酒，将调料均抹在鱼上，腌制 10 分钟。

③ 锅内加入清水，腌制好的鱼放入蒸笼蒸 15 分钟。

④ 锅内加入生抽等调料、半碗清水熬制汤汁。

⑤ 葱丝、青红椒丝铺在黄鱼身上。

⑥ 倒入熬好的汤汁，起锅热油，浇在鱼肉上即可。

> 🍵 注意事项
>
> 　黄鱼不能与荆芥、荞麦一起吃，不能用牛、羊油煎炸。

60. 清炖羊肉

操作视频

主料：羊肉 600g

配料：香葱 10g、香菜 10g、姜 30g、大葱白 10g、花椒 1g、干辣椒 1g、白芷 1g

调料：胡椒粉 20g、鸡粉 2g、料酒 25g、盐 15g

制作步骤

① 羊肉切小块，姜切块，葱切段，香菜、香葱切末。

② 羊肉倒入锅中，加入料酒，小火慢炖 20 分钟后捞出，清洗干净。

③ 起锅烧油，加干辣椒、白芷、花椒煸炒出香味，再加入葱姜爆香，羊肉倒入锅中翻炒。

④ 加入料酒翻炒变色。

⑤ 加入清水烧开后放入盐、胡椒粉、鸡粉调味。

⑥ 装盘撒葱末成菜。

🍲 **注意事项**

吃完羊肉不可喝冰水，以免腹泻。

准备材料

主料：鸡腿肉 500g
辅料：栗子 150g
配料：大葱白 3g、姜 3g、香叶 2g、八角 2g、干辣椒 2g、花椒 2g、小茴香 2g、淀粉 3g
调料：盐 3g、鸡粉 3g、胡椒粉 3g、料酒 5g、甜面酱 10g、老抽 20g、白糖 15g

制作步骤

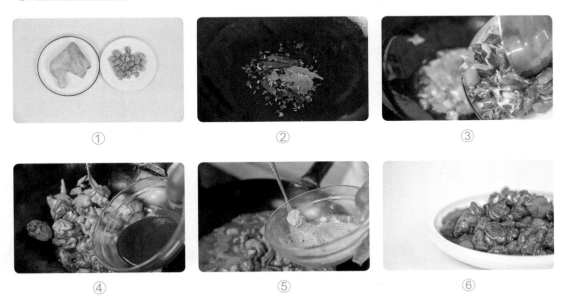

① ② ③
④ ⑤ ⑥

① 将鸡腿肉洗净剁块，板栗去皮，葱姜切末。
② 热锅凉油，放入葱、姜、香料、干辣椒煸香。
③ 放入鸡块。
④ 旺火放入料酒、老抽、甜面酱反复煸炒至鸡块变色。
⑤ 加入清水，将其烧开，加入盐、鸡精、白糖等调味。
⑥ 放入板栗，中火焖制 30 分钟，加水淀粉，收汁装盘，撒葱末成菜。

☺ 注意事项

　　1. 生栗子剥皮后可以直接食用，如果不好剥皮，可以在外皮上划十字刀口后煮一会再剥皮。

　　2. 如果使用熟栗子制作，需要延后栗子下入时间，避免栗子煮散。

操作视频

准备材料

主料：虾皮 100g、豆腐 240g
配料：香葱 80g、鸡蛋 150g、姜 20g、大葱白 25g、淀粉 50g
调料：盐 15g、鸡粉 10g、老抽 20g、料酒 20g、蚝油 20g

制作步骤

① ② ③

④ ⑤ ⑥

① 豆腐切块，香葱切段，葱、姜切末。

② 将鸡蛋打入碗中打散，下入虾皮搅拌均匀。

③ 豆腐块裹上蛋液，热油下入豆腐块，炸至金黄色捞出备用。

④ 锅中热油，放下葱姜末爆香，加入料酒、蚝油、老抽、清水烧开。

⑤ 汤汁烧开后放入盐、鸡粉，下入炸好的豆腐、香葱段，加水淀粉勾芡，翻炒均匀即可出锅。

⑥ 成菜装盘。

注意事项

小火炒豆腐容易煳锅，需要注意火候。

63. 烧牛腩

操作视频

准备材料

主料：牛腩 500g
配料：白芷 1g、桂皮 2g、八角 2g、大葱白 10g、姜 10g、蒜 10g
调料：老抽 10g、盐 5g、冰糖 10g、胡椒粉 3g、味精 3g、料酒 10g

制作步骤

①

②

③

④

⑤

⑥

① 牛腩洗净，切块备用。
② 锅内放水，牛腩冷水下锅，大火把水烧开，水开后再煮 5 分钟关火，冲洗干净，沥干水分备用。
③ 锅中热油，下冰糖炒出糖色，捞出备用。再起锅热油，下入葱、姜、蒜、白芷、八角、桂皮炒香。
④ 倒入牛腩，翻炒均匀，加入糖色、老抽、盐、胡椒粉、料酒，继续翻炒。
⑤ 倒入热水没过牛腩，加味精，大火烧开。
⑥ 炖煮 30 分钟，装盘成菜。

注意事项

　　选择肥瘦相间的牛腩，不要选颜色不正常、发红或过淡的牛腩。

64. 蟹黄粉丝煲

☁ 准备材料

主料：干粉丝 150g、蟹黄 15g
配料：香菜 10g、海米 10g、洋葱 10g、大葱白 5g、姜 5g、干辣椒 3g
调料：料酒 15g、蚝油 20g、生抽 15g、盐 3g、胡椒粉 1g、鸡粉 3g

☁ 制作步骤

① ② ③

④ ⑤ ⑥

① 香菜切末，葱切片，姜切丝，干辣椒切末，洋葱切末，粉丝、海米用水浸泡半小时，捞出。

② 起锅热油，加入葱、姜、干辣椒炒香。

③ 加入料酒、生抽、蚝油搅拌均匀。

④ 加入海米，倒入清水烧开。

⑤ 转中小火，加入盐、胡椒粉、鸡粉，下入泡好的粉丝和洋葱、蟹黄，快速翻炒。

⑥ 盛出撒香菜末成菜。

♨ 注意事项

耐心把粉丝煸干是好吃的关键。

65. 特色炒鸡

操作视频

☁ **准备材料**

主料：麻鸡 1000g、锅饼 100g

配料：青椒 10g、红椒 10g、大葱白 5g、姜 5g、蒜 5g、桂皮 2g、白芷 1g

调料：胡椒粉 5g、老抽 15g、生抽 20g、白糖 10g、鸡汁 10g、盐 10g、豆瓣酱 5g、料酒 5g

☁ **制作步骤**

① ② ③

④ ⑤ ⑥

① 红椒切成丝，青椒切段，葱、姜、蒜切片。

② 鸡洗干净后剁成适口的块。

③ 锅中烧热油，放入葱、姜、蒜和桂皮、白芷爆香，放入鸡块。

④ 大火翻炒至鸡块表面微微发黄，加入豆瓣酱。

⑤ 加入生抽、老抽翻炒至上色，加入料酒、白糖、胡椒粉、鸡汁、盐，放入青红辣椒翻炒，放入锅饼，加入开水没过鸡肉即可。

⑥ 大火煮开，转小火炖煮至鸡肉熟烂，装盘成菜。

🍲 **注意事项**

油热后，放入鸡肉，大火滑熟，一般 1 分钟即可。

66. 葱烧海参

此菜始于山东，原是宽汤碗盛，后由北京丰泽园饭庄的厨师根据人们口味的变化加以革新，改成小汁小芡。汤虽少了，但口味更加清鲜醇和。

操作视频

准备材料

主料：海参 300g
配料：大葱白 100g、八角 2g、淀粉 10g
调料：蚝油 15g、老抽 10g、白糖 10g、盐 3g、胡椒粉 2g、鸡汁 5g

制作步骤

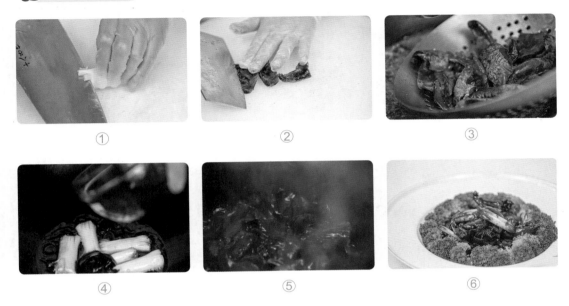

① 大葱白滚刀切块。

② 将海参洗净，切成斜长条。

③ 用开水煮 2 分钟，捞出控净水分备用。

④ 放入八角、大葱白，炸至金色，放入蚝油、老抽、白糖、盐、胡椒粉、鸡汁、清水。

⑤ 将切好的海参放入，烧至 5 分钟，加入水淀粉勾芡，收汁即可。

⑥ 装盘，成菜。

> 👨‍🍳 **注意事项**
> 海参性滑腻，脾胃有湿、咳嗽痰多、舌苔厚腻者不宜食用，感冒及腹泻患者不宜食用。

67. 韭香海肠

操作视频

主料：韭菜 200g、海肠皮 300g
配料：大葱白 2g、姜 2g、干辣椒 2g
调料：胡椒粉 1g、生抽 20g、料酒 10g、盐 1g

制作步骤

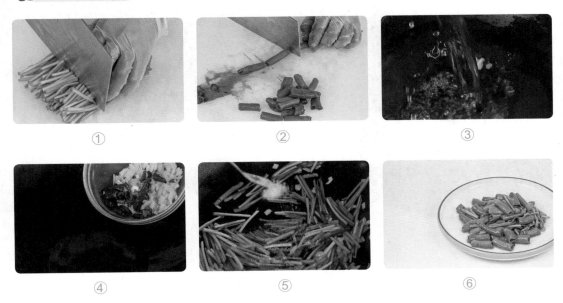

① 　　　　　　　　② 　　　　　　　　③

④ 　　　　　　　　⑤ 　　　　　　　　⑥

① 将韭菜清洗干净切成小段，葱、姜切成末，干辣椒切成块。

② 海肠皮清洗干净切成小段。

③ 起锅烧水，将海肠皮放入，煮出脏东西。

④ 锅内油热放入干辣椒、葱、姜炒香。

⑤ 放入韭菜、盐、料酒、胡椒粉、生抽翻炒，再放入海肠皮继续翻炒。

⑥ 装盘，成菜。

🍲 注意事项

　　食用海肠后，不可食用花生、雪梨、土豆、西红柿，易引起腹痛、腹胀的现象。

主料：爬虾肉 180g
辅料：鸡蛋 150g、青蒜 100g、木耳 50g
配料：姜 20g、大葱白 25g
调料：胡椒粉 15g、鸡粉 15g、盐 20g、料酒 25g

制作步骤

① ② ③

④ ⑤ ⑥

① 将青蒜改刀切段，爬虾、木耳清洗干净。
② 鸡蛋打入碗中，加盐打散。
③ 锅中加清水，下入木耳、爬虾肉开火煮开 3 分钟。
④ 锅内倒油，加入鸡蛋炒熟捞出。再放油，放入葱姜末爆香后加水。
⑤ 加入木耳、爬虾肉，加入盐、鸡粉、胡椒粉和料酒。
⑥ 加入鸡蛋、青蒜翻炒均匀，装盘。

注意事项

剥爬虾肉时注意虾壳不要扎到手。

69. 香炸沙丁鱼

操作视频

主料：沙丁鱼 500g
配料：大葱白 5g、姜 5g
调料：盐 5g、淀粉 20g、胡椒粉 2g、料酒 20g、味椒盐 10g、鸡粉 2g

制作步骤

① 葱、姜切成丝备用。

② 沙丁鱼去掉头部、内脏清洗干净。

③ 加入盐、料酒、胡椒粉、鸡粉抓匀腌制 10 分钟。

④ 裹上淀粉。

⑤ 起锅热油，将鱼放入锅中炸至金黄色时捞出，再复炸一次。

⑥ 装盘，将味椒盐放入盘中，成菜。

🍲 注意事项

  尿酸高者和肝硬化者不宜食用沙丁鱼。

70. 胶东一锅鲜

操作视频

主料：带鱼 200g、鲳鱼 200g、鲅鱼 200g、辫子鱼 200g
配料：大葱白 8g、姜 8g、干辣椒 5g、八角 2g、蒜 15g、葱 10g、青蒜 5g
调料：盐 5g、胡椒粉 5g、白糖 10g、生抽 20g、料酒 20g、黄豆酱 30g

制作步骤

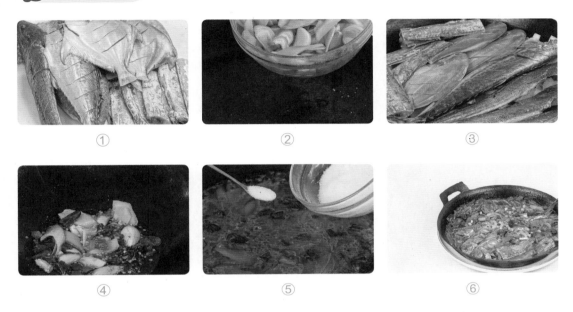

① ② ③

④ ⑤ ⑥

① 鲳鱼、鲅鱼、带鱼、辫子鱼去内脏清洗干净，改刀斜划，方便入味。

② 葱切段，姜切片，将蒜拍开，干辣椒切小段，青蒜切末。

③ 将葱、姜、蒜均匀放在干锅底部，再放入鲳鱼、鲅鱼、带鱼、辫子鱼。

④ 另起锅热油，倒入葱、姜、葱、干辣椒等煸出香味。

⑤ 倒入清水，加入盐、白糖、胡椒粉炖煮，将料汁加入海鲜锅中，中小火炖煮 15 分钟。

⑥ 撒上蒜末即可。

> **注意事项**
>
> 吃完海产品后，最好间隔 2 小时以上再吃水果，否则会影响人体对蛋白质的吸收。

操作视频

主料：梭子蟹 500g

配料：青椒 10g、红椒 10g、大葱白 5g、姜 5g、蒜 5g、香葱 8g、淀粉 20g

调料：香辣酱 20g、胡椒粉 2g、鸡粉 3g、盐 3g、生抽 15g、料酒 15g

制作步骤

① 螃蟹、青椒、红椒清洗干净放在碗中备用。

② 青辣椒、红辣椒切成小块，蟹子切成块。

③ 碗中放入淀粉，把切好的蟹块裹上淀粉。

④ 起锅热油，油热后放入裹好淀粉的蟹块，炸至定型。

⑤ 另起锅热油，放入葱姜蒜、香辣酱炒香。

⑥ 放入炸好的蟹块、青红辣椒翻炒，加入盐、鸡粉、胡椒粉、料酒、生抽翻炒出锅，装盘撒香葱末即可。

🍲 注意事项

　　螃蟹是一种比较寒凉的食物，若是多食用的话，会刺激肠胃，可能引起腹泻等不良症状。

72. 酱爆香螺

操作视频

主料：香螺 500g
配料：大葱白 5g、姜 5g、蒜 5g、干辣椒 3g、香葱 30g
调料：甜面酱 20g、盐 2g、料酒 20g、胡椒粉 2g、白糖 3g、生抽 20g

制作步骤

① 香葱切末，葱切段，姜切末，蒜切末，田螺清洗干净。

② 起锅热油，爆香葱段、姜末、蒜末、干辣椒。

③ 放入甜面酱，煸炒出酱香味，加入生抽、料酒。

④ 下入香螺，加入盐、料酒、生抽、胡椒粉、白糖，大火翻炒 2 分钟。

⑤ 加入 200mL 开水，炖煮入味，大火收汁。

⑥ 装盘撒上香葱末即可。

☕ 注意事项

　1. 香螺需确保煮熟后方可食用。

　2. 香螺应烧煮 10 分钟以上。

73. 辣炒海瓜子

操作视频

主料：海瓜子 300g
配料：大葱白 5g、姜 5g、蒜 5g、干辣椒 10g、香葱 10g
调料：胡椒粉 2g、蒜蓉辣酱 15g、盐 2g、料酒 10g、胡椒粉 2g、白糖 3g、蚝油 20g、生抽 10g

制作步骤

① 葱、姜、蒜、干辣椒切成末。

② 将海瓜子清洗干净，起锅热水，将海瓜子煮开后捞出。

③ 起锅热油，下葱、姜、蒜、干辣椒爆香，加入生抽、蚝油、料酒、蒜蓉辣酱翻炒均匀。

④ 倒入海瓜子翻炒，加入盐、糖、胡椒粉，翻炒均匀。

⑤ 海瓜子开口即可关火，撒上香葱末。

⑥ 装盘成菜。

🍲 注意事项

烹制前将海瓜子放入冷水，加少许盐，利于吐沙。

主料：蛎蝗肉 200g
配料：面粉 20g、大葱白 2g、姜 2g
调料：盐 2g、鸡粉 1g、鸡汁 1g

制作步骤

① 清洗蛎蝗肉，沥干水分备用。

② 热水下锅汆制 10 秒钟捞出。

③ 碗中加入盐、鸡汁、鸡粉、葱姜丝腌制 5 分钟。

④ 在碗中加入面粉、水搅拌均匀，放入蛎蝗肉，裹上面糊。

⑤ 锅内热油，小火将蛎蝗肉炸至金黄。

⑥ 装盘即可成菜。

🍲 注意事项

　　1. 吃蛎蝗一定要适量，蛎蝗性寒，不能因为口感好就大量地吃。

　　2. 蛎蝗俗称海蛎子，需挑选新鲜的蛎蝗，没有腥臭味，放入锅中煮时，壳会慢慢地张口。

操作视频

准备材料

主料：海胆 500g、鸡蛋 200g
配料：香葱或蒜苗 15g
调料：盐 2g、香油 1g

制作步骤

① ② ③
④ ⑤ ⑥

① 将香葱或蒜苗切成末。
② 将鸡蛋清打入碗中，加入盐，打散。
③ 打散的蛋清放入海胆壳中。
④ 加入海胆黄，放入蒸锅中蒸 5～8 分钟。
⑤ 放入盘中，撒上香葱末或青蒜末。
⑥ 淋香油，装盘成菜。

注意事项

海胆可以刺激食欲，健脾开胃，有很好的滋补作用。

酒店流行菜

76. 胶东小炒

操作视频

主料：鸡蛋 200g、鱿鱼 50g、皮皮虾肉 20g、虾仁 20g
辅料：杂粮包 12 个
配料：蒜薹 50g、红辣椒 10g、姜 3g、香葱 10g
调料：虾酱 15g、白糖 2g、胡椒粉 1g

⬤◠ 制作步骤

① 将皮皮虾肉剁成碎末。

② 鸡蛋打入碗中，放入皮皮虾肉、虾仁、鱿鱼。

③ 红辣椒、蒜薹切段放入。

④ 加入调料后用勺子搅拌均匀。

⑤ 锅中油热后，加入葱花、姜末炒香，将调匀的鸡蛋虾酱倒入锅中，炒至散开并无水分、蒜薹断生即可。

⑥ 装盘，杂粮包摆放整齐，成菜。

☕ 注意事项

1. 挑选鱿鱼时，查看鱿鱼的完整性，越完整的质量越好。

2. 皮皮虾、鱿鱼、虾仁需要先氽制。

3. 杂粮包可油炸，口感更好。

77. 辣炒笔管鱼

操作视频

主料：笔管鱼 500g
配料：大葱白 10g、姜 10g、蒜 10g、干辣椒 5g、青辣椒 15g、红辣椒 15g、香葱 8g
调料：胡椒粉 2g、料酒 15g、盐 2g、生抽 20g

制作步骤

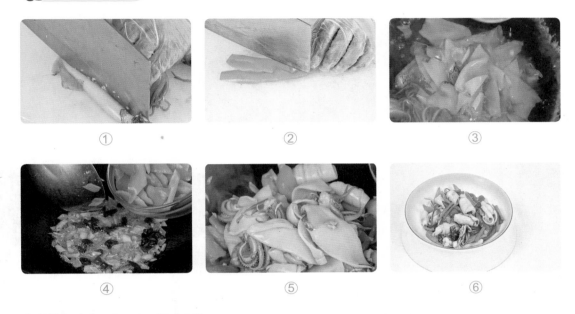

① ② ③

④ ⑤ ⑥

① 笔管鱼清洗干净，改刀切成小块。

② 青辣椒、红辣椒切成块，干辣椒、葱姜蒜切成小块。

③ 起锅烧水，将笔管鱼放入，煮开后去掉浮沫，捞出。

④ 起锅热油，放入干辣椒、葱姜蒜炒香，倒入青辣椒、红辣椒。

⑤ 倒入笔管鱼、料酒、生抽、盐、胡椒粉翻炒均匀至熟。

⑥ 撒入香葱段装盘即可。

☺ 注意事项

　　笔管鱼是一种海鲜，过敏者不要食用。

78. 籽乌烧辣豆腐

操作视频

主料：籽乌 150g、豆腐 200g
配料：大葱白 5g、姜 5g
调料：蚝油 15g、老抽 8g、盐 3g、生抽 10g、鸡粉 2g、白糖 8g、鸡汁 2g

制作步骤

① 将籽乌清洗干净，豆腐撕成小块，葱切块，姜和蒜切片。
② 豆腐和籽乌分别用热水煮一下。
③ 锅内加油，放入切好的葱姜蒜炒香。
④ 加入用生抽、老抽、蚝油调好的汁，放入豆腐煸炒，倒入清水。
⑤ 水开后放入切好的籽乌。
⑥ 放入盐、鸡粉、鸡汁和白糖，开锅后改为小火慢炖 5 分钟，装盘即可。

> 🍲 **注意事项**
>
> 1. 籽乌不能和啤酒一起食用，易引发痛风。
> 2. 籽乌不能和水果和茶叶一起食用。

79. 胶东焖大黄鱼

操作视频

主料：大黄鱼 600g
配料：大葱白 10g、姜 10g、蒜 10g、干辣椒 5g、香葱 8g
调料：黄豆酱 30g、生抽 20g、料酒 20g、盐 5g、胡椒粉 3g、白糖 10g

制作步骤

① 葱、姜、蒜、干辣椒切成小块备用。

② 黄花鱼去鳞、内脏清洗干净，两面斜划三刀，加葱、姜、料酒腌制 1 小时。

③ 起锅热油，放入葱、姜、蒜、干辣椒、黄豆酱炒香。

④ 再加入生抽、料酒、清水。

⑤ 放入黄鱼，加盐、糖、胡椒粉，大火烧开，炖煮 10 分钟，大火收汁关火。

⑥ 装盘，撒香葱末成菜。

🍲 注意事项

　　大黄鱼是海鲜，过敏体质的人应慎食。

准备材料

主料：大虾 400g、粉丝 30g
配料：蒜 30g、青辣椒 10g、红辣椒 10g
调料：蒜蓉辣酱 20g、蚝油 15g、胡椒粉 5g、盐 3g、白糖 5g、生抽 15g

制作步骤

① ② ③

④ ⑤ ⑥

① 将粉丝用凉水浸泡 20 分钟后切成小段，虾去掉虾须、虾线清洗干净。
② 蒜切成碎末，起锅热油放入蒜末煸炒 1 分钟，盛出备用。
③ 蒜末放入碗中，加入盐、糖、蚝油、蒜蓉辣酱、青红辣椒、胡椒粉、生抽搅拌均匀。
④ 虾身上放粉丝、蒜末，蒸 10 分钟。
⑤ 放上青红椒末，淋上热油即可。
⑥ 装盘成菜。

注意事项

1. 色发红、身软的虾不新鲜，尽量不吃，腐败变质的虾不可食用。
2. 虾线应该处理干净。

81. 辣爆海螺头

操作视频

准备材料

主料：海螺 500g
辅料：五花肉 100g
配料：青杭椒 8g、红杭椒 8g、大葱白 5g、姜 5g
调料：黄豆酱 15g、淀粉 10g、胡椒粉 2g、白糖 3g、生抽 15g、料酒 15g、盐 3g

制作步骤

① ② ③

④ ⑤ ⑥

① 将海螺、五花肉、青杭椒、红杭椒清洗干净备用。

② 将肉切成小块。

③ 锅内倒水加热，放入海螺用热水煮一下。

④ 挑出海螺肉，洗净备用。

⑤ 锅内倒油加热，加入五花肉煸香，放入葱、姜炒香，放入青杭椒、红杭椒、海螺肉爆出香味。

⑥ 加入盐等调料翻炒均匀，加入水淀粉勾芡，翻炒成熟装盘。

☕ 注意事项

　海螺性大寒，故风寒感冒期间忌食，女子经期、产后、胃寒者忌食。

82. 清蒸海鲈鱼

操作视频

主料：鲈鱼 750g
配料：青辣椒 5g、红辣椒 5g、大葱白 10g、姜 10g
调料：盐 5g、胡椒粉 3g、料酒 20g、蒸鱼豉油 30g

制作步骤

① 将鲈鱼、葱、青辣椒、红辣椒清洗干净放入碗中备用。

② 将鲈鱼打"一"字花刀。

③ 鲈鱼用平刀把两边背片开，放上盐、姜片、葱、胡椒粉。

④ 再加入料酒码味 10 分钟。

⑤ 放入盘中，上笼蒸 10 分钟。

⑥ 挑出葱、姜，淋上蒸鱼豉油，鱼上放姜丝和葱丝、红椒丝，淋上热油即可。

83. 香辣鱿鱼头

操作视频

主料：鱿鱼头 500g

配料：芹菜 20g、香葱 10g、干辣椒段 8g、花椒 5g、大葱白 5g、姜 5g、蒜 5g

调料：香辣酱 15g、蒜蓉辣酱 10g、胡椒粉 2g、鸡粉 2g、白糖 2g、盐 2g、料酒 20g、生抽 20g

制作步骤

① ② ③

④ ⑤ ⑥

① 将葱切段，姜蒜切成片，芹菜切成条。

② 鱿鱼头撕去外膜，切成段。冷水下锅加料酒、葱姜后将鱿鱼煮开，去掉浮沫后捞出，清洗干净。

③ 锅内留油，倒入干辣椒段、花椒炒香。

④ 倒入葱姜蒜、香辣酱、蒜蓉辣酱炒香出红油。

⑤ 放入芹菜炒香，倒入鱿鱼，调入鸡粉、白糖、料酒、生抽、胡椒粉、盐。

⑥ 放入香葱翻炒均匀入味，出锅成菜。

注意事项

选购鱿鱼时要注意识别，优质的鱿鱼体型完整坚实，呈粉红色，有光泽。

操作视频

主料：蹄筋 600g
配料：淀粉 8g、八角 2g、葱段 80g、姜 10g
调料：料酒 30g、蚝油 8g、盐 2g、老抽 5g、白糖 5g、胡椒粉 2g、鸡粉 2g

制作步骤

① 锅中倒入清水，放入蹄筋，加入姜片、葱段，加入料酒去腥，煮开 15 分钟后捞出。

② 起锅热油，下入八角、葱段小火翻炒，煸炒至表皮焦黄。

③ 放入蚝油、老抽，将汤汁烧香。

④ 放入料酒，下入蹄筋，中火煮制。

⑤ 放入胡椒粉、鸡粉等调料，翻炒均匀大火收汁。

⑥ 淋入水淀粉，出锅装盘。

🍲 注意事项

1. 蹄筋短期保存可以用保鲜膜包裹好，放入冰箱内。

2. 蹄筋长期保存，需要将蹄筋刮洗干净，放入锅内煮至入味，沥干水分，再用保鲜膜包裹好，放入冰箱内。

85. 香炸银鱼

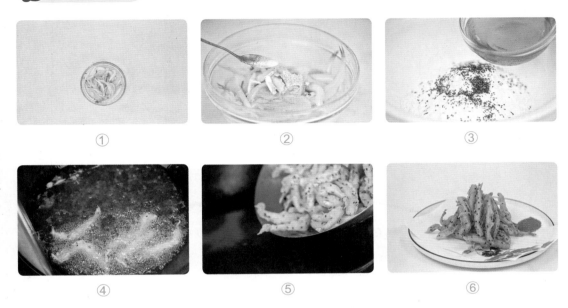

准备材料

主料：银鱼 200g
配料：淀粉 20g、面粉 15g、黑芝麻 10g、大葱白 5g、姜 5g
调料：盐 3g、胡椒粉 2g、椒盐 8g、料酒 10g

制作步骤

① 将洗净的银鱼沥干水分。

② 添加盐、胡椒粉、料酒、葱、姜搅拌均匀腌制 10 分钟。

③ 将面粉、淀粉、黑芝麻拌匀，放入银鱼，裹匀。

④ 锅内热油，油温热的时候放入银鱼小火慢慢煎炸。

⑤ 炸至两面金黄。

⑥ 捞出，装盘撒上椒盐，成菜。

🍲 注意事项

银鱼不要和红枣或者含甘草成分的食物同时食用，会影响肠胃吸收。

86. 芙蓉贝丁

操作视频

主料：鲜贝肉 200g
辅料：火腿 10g、鸡蛋 250g
配料：香菜 10g、大葱白 5g、姜 5g、淀粉 10g
调料：盐 5g、料酒 10g

制作步骤

① 　　　　　　　　② 　　　　　　　　③

④ 　　　　　　　　⑤ 　　　　　　　　⑥

① 将鲜贝肉清洗干净，葱、姜、香菜切末，火腿切成丁。

② 鲜贝肉放入碗中，加入盐、料酒、淀粉搅拌均匀，腌制 5 分钟。

③ 锅内倒水，烧开将鲜贝肉汆制后捞出。

④ 将鸡蛋打入碗中，加入葱、姜打散。

⑤ 起锅热油，油热加入打散的鸡蛋液、鲜贝肉、火腿丁。

⑥ 轻轻翻炒，装盘香菜点缀成菜。

☕ 注意事项

　　要选用新鲜的鲜贝，壳是紧紧关闭的，不易掰开，闻起来没有异味。

87. 新派油焖大虾

操作视频

主料：大虾 400g
配料：大葱白 5g、姜 5g、蒜 15g、香菜 5g
调料：番茄酱 30g、盐 4g、白糖 20g、胡椒粉 2g、白醋 15g

制作步骤

① 将虾去掉虾线，葱切末，姜、蒜切片，香菜切段。
② 起锅热油，放入虾，翻炒煎至变色，捞出。
③ 锅内加油加入葱姜蒜爆香，放入盐、糖等调料，倒入半碗清水烧开。
④ 放入煎好的虾，盖上锅盖焖 5 分钟。
⑤ 小火收汁。
⑥ 撒上香菜末点缀，装盘成菜。

☕ 注意事项

　　挑选虾时选择虾壳发亮、气味正常无异味的，不要选择呈红色或灰紫色的虾。

准备材料

主料：青萝卜 600g
配料：鸡蛋 1 个、大葱白 5g、姜 5g、面粉 300g
调料：盐 5g、胡椒粉 3g、鸡粉 3g

制作步骤

① 将青萝卜清洗干净备用。

② 青萝卜剁碎，葱、姜切成末。

③ 青萝卜碎、葱姜末放入碗中，加入盐、胡椒粉、鸡蛋、面粉和鸡粉搅拌均匀。

④ 用虎口处捏成丸子的形状，起锅热油，下入丸子。

⑤ 小火炸至金黄色。

⑥ 捞出控油，装盘即可。

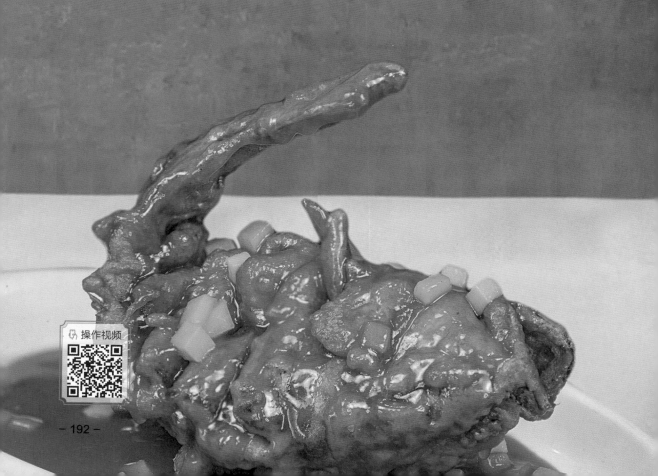

操作视频

主料：黄花鱼 500g、芒果 250g
配料：橙汁 20g、淀粉 20g、面粉 10g、葱蒜各 5g
调料：陈醋 20g、盐 5g、胡椒粉 3g、白糖 20g、生抽 10g、料酒 10g

制作步骤

① ② ③

④ ⑤ ⑥

① 将黄花鱼清洗干净，在鱼两面各划 4 刀方便入味，放入盐、料酒、胡椒粉涂抹揉搓腌制 20 分钟。

② 将面粉和淀粉放入碗中，倒入清水搅拌均匀。

③ 放入腌制好的黄花鱼，鱼两面裹上面糊。

④ 锅内倒油，油热后放入黄花鱼煎至两面变色、定型。

⑤ 放入生抽、陈醋、糖、盐、葱蒜、橙汁和清水煮至沸腾。

⑥ 待汤汁黏稠时淋到鱼身上，装盘撒上芒果块成菜。

☕ 注意事项

　　黄花鱼不能用牛油、羊油煎炸，要将内脏清洗干净，把黄花煎炸熟。

操作视频

主料：排骨 500g、花生 20g
配料：大枣 10g、大葱白 10g、姜 10g、香葱 10g、枸杞 5g
调料：料酒 20g、盐 10g、鸡精 3g、胡椒粉 2g

制作步骤

① ② ③

④ ⑤ ⑥

① 排骨剁成小块，葱姜切片，花生浸泡 1 小时捞出备用。

② 锅内倒入 500mL 清水，放入料酒，将排骨水煮，去掉浮沫捞出。

③ 起锅热油，放入葱姜片炒香。

④ 放入排骨，加入料酒。

⑤ 倒入 500mL 清水，烧开放入枸杞、大枣、花生。

⑥ 烧开之后，放入盐、胡椒粉、鸡精调味，慢火炖 30 分钟至熟透，出锅盛盘撒香葱末即可。

注意事项

1. 花生排骨煲营养价值高，含有大量的脂肪、蛋白质等营养成分，但不可过量食用，不易消化。

2. 高血压患者和糖尿病患者慎食。

91. 鲜椒鱼片

准备材料

主料：草鱼 1500g

配料：青椒 20g、红椒 20g、蛋清 1 个、大葱白 10g、姜 10g、蒜 10g、淀粉 20g

调料：黄椒酱 15g、胡椒粉 5g、盐 10g、料酒 20g、鸡粉 5g、鲜花椒 15g

制作步骤

① ② ③

④ ⑤ ⑥

⑦ ⑧ ⑨

① 将草鱼清洗干净，鱼肉切片。

② 青、红椒切成小段，姜切片，蒜切末。

③ 将鱼片放入碗中，用清水洗干净。

④ 加盐、料酒、蛋清、淀粉搅拌均匀，腌制 10 分钟。

⑤ 炒制鱼骨，加入热水，盛出备用。

⑥ 锅内热油，放入葱、姜、黄椒酱炒出香味。

⑦ 倒入鱼骨汤，加入调料，水开后放入鱼片，煮制片刻盛入盘中。

⑧ 起锅热油，将青、红椒放入煸炒。

⑨ 盘中放上鲜花椒，淋上热油，成菜。

🍲 注意事项

没有鲜花椒可用青花椒代替，这样才能吃出椒麻味。

197 - 197 -

92. 葱香海鲈鱼

操作视频

主料：海鲈鱼 750g
配料：香葱 50g、香菜 20g、大葱白 10g、姜 10g
调料：盐 3g、花椒油 5g、白糖 3g、料酒 20g、胡椒粉 2g、蒸鱼豉油 50g

制作步骤

① ② ③

④ ⑤ ⑥

① 鱼肉两面改刀。

② 香葱切小段，香菜切末，姜切成小片，葱切末。

③ 将香葱、姜摆放在鱼肉上，撒上盐、胡椒粉等调料抹匀，腌制 10 分钟。

④ 鱼肉放在蒸屉上，蒸 6 分钟。

⑤ 取出鱼肉，放在盘中，淋上蒸鱼豉油。

⑥ 撒上香葱、香菜碎，淋上热油即可。

🍲 注意事项

　　海鲈鱼为海鲜，富含蛋白质，且属于发物，因此海鲜过敏者、尿酸高或痛风患者、甲亢患者、皮肤病患者都不建议吃海鲈鱼。

93. 黑椒牛肉粒

操作视频

准备材料

主料：牛里脊肉 400g
配料：洋葱 80g、青椒 80g、红椒 80g、鸡蛋 2 个、大葱白 15g、姜 15g、蒜 30g
调料：蚝油 6g、料酒 5g、鸡粉 6g、胡椒粉 2g、生抽 6g、白糖 5g、黑胡椒粒 4g、盐 5g、老抽 5g、淀粉 5g

制作步骤

① ② ③

④ ⑤ ⑥

① 将红椒、青椒、洋葱、牛肉切丁。
② 将牛肉丁放进盛器中，加入盐、白糖、胡椒粉、鸡粉、蚝油、生抽、老抽、料酒搅拌均匀，再加入蛋清、淀粉抓匀腌制。
③ 另起碗，放入盐、胡椒粉、白糖、黑胡椒粉粒、生抽、料酒等调料、勾水淀粉，淋入清油搅匀备用。
④ 锅中热油，下葱姜蒜，翻炒爆香，放入黑胡椒粒。
⑤ 放入腌制好的牛肉，炒至定型。
⑥ 倒入洋葱等配菜，翻炒至断生，放入调好的料汁，翻炒均匀入味即可装盘成菜。

> 🍲 **注意事项**
>
> 　　切牛肉时，一定要切得大一些，因为在煎炸的过程中会缩小，太小的牛肉粒会影响口感。

操作视频

主料：海参 6 个
辅料：南瓜 500g 、虫草花 10g、油菜 10g、鸡脯肉 100g
配料：清汤 600g、淀粉 15g
调料：料酒 20g、盐 5g、胡椒粉 5g

制作步骤

① ② ③

④ ⑤ ⑥

① 鸡肉剁成泥，放入碗中备用。
② 将南瓜放入蒸锅中，蒸熟，再放入破壁机打碎。
③ 南瓜浆倒入小碗中，备用。
④ 起锅烧水，分别放入海参、油菜、虫草花、肉末煮熟捞出。
⑤ 起锅烧水，加入南瓜浆，加清汤煮开，用笊篱过滤残渣，放入盐、料酒、胡椒粉，加入水淀粉勾芡煮沸至浓稠。
⑥ 盛出南瓜汤，放入海参、鸡肉、油菜，虫草花点缀，成菜。

🍲 注意事项
1. 有感冒或者气喘情况时不能吃海参。
2. 海参不可和醋及含甘草成分的食物同吃。

95. 两吃虾

操作视频

准备材料

主料：大明虾 500g、虾仁 200g
辅料：油菜 30g、胡萝卜 15g、黄瓜 20g
配料：大葱白 5g、姜 5g
调料：盐 5g、番茄酱 20g、料酒 10g、白糖 20g、胡椒粉 2g、淀粉 20g

制作步骤

① ② ③
④ ⑤ ⑥
⑦ ⑧ ⑨

① 处理虾，把虾须、虾线去掉。
② 油菜清洗干净，焯水捞出。
③ 锅内倒油，放入葱姜蒜煸香，放入油菜煸炒 2 分钟装盘备用。
④ 锅内加水烧热，放入胡萝卜焯水捞出。
⑤ 将虾仁放入碗中，放入盐、料酒、淀粉腌制 10 分钟。
⑥ 起锅热油。放入虾，煎至变红捞出。
⑦ 起锅热油放入葱姜爆香，放入大虾翻炒，加盐、番茄酱翻炒 1 分钟，加入料酒、糖、胡椒粉翻炒入味，盛出备用。
⑧ 锅内放油，爆香葱姜，加入料酒。
⑨ 放入虾仁、胡萝卜、黄瓜翻炒均匀，盛入盘中，摆上煎好的虾，油菜点缀。

🍲 注意事项

吃虾时要注意，应该蒸熟或煮熟，以防止寄生虫感染或寄生虫中毒。

准备材料

主料：鲽鱼头 1000g
辅料：鹌鹑蛋 250g、洋葱 150g
配料：大葱白 10g、姜 10g、蒜 10g
调料：盐 5g、白糖 8g、胡椒粉 2g、料酒 5g、啤酒 100g、老抽 4g、鸡粉 8g、烧汁 80g、醋 10g、淀粉 2g

制作步骤

① 将鲽鱼头切成两半。
② 鲽鱼头用葱、姜、盐、胡椒粉、料酒码味。
③ 锅内留油，倒入葱姜片炒香。
④ 锅内宽油烧至六成热时，倒入鱼头炸至定型捞出。锅内留油，倒入烧汁略炒，加水、啤酒，放入鲽鱼头、鹌鹑蛋，加调料调味烧制入味。
⑤ 将烧好的鱼头放在洋葱条上。
⑥ 汤汁勾芡浇在鱼头上，鹌鹑蛋捞起装盘，成菜。

🍲 注意事项

　　挑选深海鲽鱼的时候，应该挑选鱼眼清澈、鱼鳃鲜红的。

97. 砂锅老南瓜

操作视频

主料：南瓜 500g
配料：洋葱 20g、蒜 50g、香葱或蒜苗 10g
调料：蚝油 20g、生抽 15g、白糖 15g、胡椒粉 5g、盐 3g

制作步骤

① 洋葱切片，蒜拍开，香葱或蒜苗切末。

② 南瓜清洗干净，带皮切成长条。

③ 将蚝油、生抽、胡椒粉、盐、白糖放入碗中，加清水搅拌均匀。

④ 砂锅放油，加入大蒜，炒出蒜香，加入洋葱。

⑤ 南瓜整齐地码在砂锅里，倒入调好的料汁，砂锅置于炉灶上焗 10 分钟。

⑥ 撒上香葱或蒜苗末，成菜。

注意事项

南瓜中含有较多的糖分，不宜多食，以免腹胀。

98. 豆芽炒粉条

操作视频

准备材料

主料：黄豆芽 300g、粉条 150g
辅料：五花肉 50g
配料：蒜苗 30g、大葱白 5g、姜 5g、蒜 5g、八角 1g、干辣椒 5g
调料：蚝油 20g、生抽 15g、料酒 20g、盐 3g、胡椒粉 3g

制作步骤

① 葱切小段，姜蒜切末，蒜苗切成大段。

② 猪肉切成片，粉丝改刀切成大段。

③ 锅中宽油，放入将黄豆芽，翻动炸制，捞出豆芽皮，炸干水分捞出豆芽备用。

④ 起锅热油，爆香八角，放入猪肉，下入葱、姜、蒜炒香。

⑤ 再放入黄豆芽、粉丝，加入盐、蚝油、生抽、胡椒粉、料酒、干辣椒翻炒均匀至熟。

⑥ 下入蒜苗翻炒出锅，装盘成菜。

> 🍲 **注意事项**
>
> 　　做豆芽炒粉条时，全程需要大火，这样可以减少粉条和黄豆芽中水分的流失，从而使豆芽吃着更鲜嫩。

99. 醋烹鲳鱼

准备材料

主料：鲳鱼 500g
配料：大葱白 10g、姜 10g、蒜 10g、淀粉 20g
调料：花椒 5g、醋 30g、料酒 15g、胡椒粉 3g、鸡粉 2g、盐 5g、生抽 5g

制作步骤

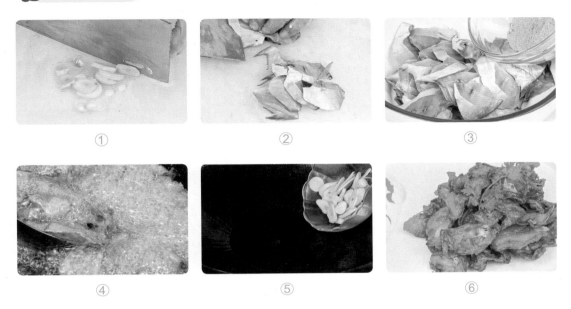

① 葱、姜切小块，蒜切成小片。

② 鲳鱼清洗干净，切成块。

③ 将鲳鱼放入碗中，放入盐、料酒、胡椒粉、花椒、料酒，用筷子搅拌均匀腌制 10 分钟，再倒入淀粉，拌匀。

④ 锅内倒油，等油温热至八成热时放入鲳鱼，炸至外酥里嫩，捞出控油。

⑤ 锅内留底油，下入葱姜蒜煸香。

⑥ 放入炸好的鲳鱼，放入盐、生抽、醋和鸡粉，翻炒均匀，装盘即可。

100. 养生排骨煲

操作视频

主料：排骨 500g
辅料：玉米 100g、胡萝卜 50g
配料：枸杞 5g、大枣 8g、党参 5g、大葱白 5g、姜 5g
调料：盐 8g、胡椒粉 5g、料酒 15g

制作步骤

①   ②   ③

④   ⑤   ⑥

① 葱姜洗净，葱切段，姜切片，排骨洗净剁块。
② 锅内倒水烧开，放入排骨煮开，去掉浮沫后捞出。
③ 将排骨放入煲中，加入清水烧开煮沸。
④ 去浮沫，下入玉米、胡萝卜、枸杞、大枣、党参。
⑤ 煮至排骨、玉米、胡萝卜熟，加入调料。
⑥ 如汤较少可加入热水，再次煮沸装入盛器中，成菜。

🍲 注意事项

    排骨汤具有一定的补血作用。湿热痰滞内蕴者慎服，肥胖、血脂较高者不宜多食。

图书在版编目（CIP）数据

鲁菜 / 新东方烹饪教育组编. －－北京 ：中国人民
大学出版社，2023.12
ISBN 978-7-300-32451-7

Ⅰ. ①鲁… Ⅱ. ①新… Ⅲ. ①鲁菜－菜谱 Ⅳ.
① TS972.182.52

中国国家版本馆 CIP 数据核字（2023）第 244511 号

中华饮食文化丛书

鲁菜

新东方烹饪教育　组编

Lucai

出版发行	中国人民大学出版社			
社　　址	北京中关村大街 31 号		**邮政编码**	100080
电　　话	010 - 62511242（总编室）		010 - 62511770（质管部）	
	010 - 82501766（邮购部）		010 - 62514148（门市部）	
	010 - 62515195（发行公司）		010 - 62515275（盗版举报）	
网　　址	http://www.crup.com.cn			
经　　销	新华书店			
印　　刷	北京瑞禾彩色印刷有限公司			
开　　本	787 mm×1092 mm　1/16		**版　　次**	2023 年 12 月第 1 版
印　　张	14		**印　　次**	2023 年 12 月第 1 次印刷
字　　数	230 000		**定　　价**	52.00 元

版权所有　侵权必究　　印装差错　负责调换